前端开发工程师系列

网页制作实战

主　编　肖　睿　罗保山

副主编　王春兰　杨　洋　孙　琳　张云青

中国水利水电出版社
www.waterpub.com.cn
·北京·

内 容 提 要

　　随着信息时代的到来，网络已完全融入我们的工作和生活，从网络上获取信息或通过网络交换信息，这些都离不开网络的承载者——网页。一个优秀的网站设计，能够使浏览者快速地找到所需内容，并且拥有愉快的网络体验。本教材通过基本的 HTML 标签学习，加之 CSS 美化技术来开发网站，让你进入多姿多彩的网络世界。

　　本套前端开发教材最大的特点就是以流行网站元素为项目实战。本书使用 HTML 和 CSS 进行网站设计开发，并配以完善的学习资源和支持服务，为学习者带来全方位的学习体验，包括视频教程、案例素材下载、学习交流社区、讨论组等终身学习内容，更多技术支持请访问课工场 www.kgc.cn。

图书在版编目（ＣＩＰ）数据

网页制作实战 / 肖睿，罗保山主编. -- 北京：中
国水利水电出版社，2016.11（2017.6 重印）
　前端开发工程师系列
　ISBN 978-7-5170-4890-9

　Ⅰ. ①网… Ⅱ. ①肖… ②罗… Ⅲ. ①网页制作工具
－教材 Ⅳ. ①TP393.092.2

中国版本图书馆CIP数据核字(2016)第277493号

策划编辑：祝智敏　责任编辑：李 炎　加工编辑：郭继琼　封面设计：梁 燕

书　　名	前端开发工程师系列 **网页制作实战 WANGYE ZHIZUO SHIZHAN**
作　　者	主　编　肖 睿　罗保山 副主编　王春兰　杨 洋　孙 琳　张云青
出版发行	中国水利水电出版社 （北京市海淀区玉渊潭南路 1 号 D 座　100038） 网址：www.waterpub.com.cn E-mail：mchannel@263.net（万水） 　　　　sales@waterpub.com.cn 电话：（010）68367658（营销中心）、82562819（万水）
经　　售	全国各地新华书店和相关出版物销售网点
排　　版	北京万水电子信息有限公司
印　　刷	北京泽宇印刷有限公司
规　　格	184mm×260mm　16 开本　11.25 印张　275 千字
版　　次	2016 年 11 月第 1 版　2017 年 6 月第 3 次印刷
印　　数	6001—10000 册
定　　价	29.00 元

前端开发工程师系列

编委会

前　　言

随着互联网技术的飞速发展，"互联网+"时代已经悄然到来，这自然催生了互联网行业工种的细分，前端开发工程师这个职业应运而生，各行业、企业对前端设计开发人才的需求也日益增长。与传统网页开发设计人员相比，新"互联网+"时代对前端开发工程师提出了更高的要求，传统网页开发设计人员已无法胜任。在这样的大环境下，这套"前端开发工程师系列"教材应运而生，它旨在帮助读者朋友快速成长为符合"互联网+"时代企业需求的优秀的前端开发工程师。

"前端开发工程师系列"教材是由课工场（kgc.cn）的教研团队研发的。课工场是北京大学下属企业北京课工场教育科技有限公司推出的互联网教育平台，专注于互联网企业各岗位人才的培养。平台汇聚了数百位来自知名培训机构、高校的顶级名师和互联网企业的行业专家，面向大学生以及需要"充电"的在职人员，针对与互联网相关的产品设计、开发、运维、推广和运营等岗位，提供在线的直播和录播课程，并通过遍及全国的几十家线下服务中心提供现场面授以及多种形式的教学服务，并同步研发出版最新的课程教材。参与本书编写的还有罗保山、王春兰、杨洋、孙琳、张云青等院校教师。

课工场为培养互联网前端设计开发人才，特别推出"前端开发工程师系列"教育产品，提供各种学习资源和支持，包括：

● 现场面授课程。
● 在线直播课程。
● 录播视频课程。
● 案例素材下载。
● 学习交流社区。
● QQ 讨论组（技术，就业，生活）。

以上所有资源请访问课工场 www.kgc.cn。

本套教材特点

（1）科学的训练模式
● 科学的课程体系。
● 创新的教学模式。
● 技能人脉，实现多方位就业。
● 随需而变，支持终身学习。

（2）真实的项目驱动
● 覆盖 80%的网站效果制作。
● 几十个实训项目，涵盖电商、金融、教育、旅游、游戏等行业。

（3）便捷的学习体验
● 每章提供二维码扫描，可以直接观看相关视频讲解和案例操作。

● 课工场开辟教材配套版块，提供素材下载、学习社区等丰富在线学习资源。

读者对象

（1）初学者：本套教材将帮助你快速进入互联网前端开发行业，从零开始逐步成长为专业的前端开发工程师。

（2）初级前端开发者：本套教材将带你进行全面、系统的互联网前端设计开发学习，帮助你梳理全面、科学的技能理论，提供实用开发技巧和项目经验。

课工场出品（kgc.cn）

课程设计说明

课程目标

读者学完本书后，能够具备独立制作网页的能力，通过 HTML 和 CSS 技能开发各类静态网站页面。

训练技能

- 熟练掌握 DIV+CSS 制作各种布局的网页。
- 能够根据提供的 PSD 效果图制作与效果图完全一致的网页。
- 能够手写 CSS 代码。

设计思路

本课程分为 7 个章节、3 个阶段来设计学习，即基本的网页制作技能、网页布局技能和开发实战，具体安排如下：

- 第 1～3 章是网页制作的基础学习，主要涉及 HTML+CSS 制作网页，训练基本的网页制作能力。
- 第 4～6 章是使用 CSS 美化和布局网页，通过 CSS 美化并布局页面元素，如图片、超链接、文字等，利用盒模型、浮动技术来布局网页元素，制作精美的网页内容。
- 第 7 章是综合实战项目训练，通过制作完整的 1 号店首页进行综合训练，达到熟练制作开发网站的目的。

章节导读

- 本章技能目标：学习本章所要达到的技能，可以作为检验学习效果的标准。
- 本章简介：学习本章内容的原因和对本章内容的概述。
- 内容讲解：对本章涉及的技能内容进行分析并展开讲解。
- 操作案例：对所学内容的实操训练。
- 本章总结：针对本章内容的概括和总结。
- 本章作业：针对本章内容的补充练习，用于加强对技能的理解和运用。

学习资源

- 学习交流社区（课工场）
- 案例素材下载
- 相关视频教程

更多内容详见课工场 www.kgc.cn。

关于引用作品版权说明

目 录

第 1 章

走进 HTML

本章技能目标

- 掌握 HTML 标签的应用
- 掌握 CSS 的语法结构及其在网页中的应用

本章简介

在网络异常发达的今天，人们的生活、学习和工作基本上都离不开网络。大家经常浏览的新闻页面、微博和微信等各种从网上获得信息的途径，不论是 PC 终端，还是移动客户端，基本上都是以 Web 为基础来呈现的，因此由 Web 页面呈现信息已成为各种信息共享和发布的主要形式。而 HTML（Hyper Text Markup Language，超文本标记语言，在有些书籍中也翻译为超文本标签语言）则是创建 Web 页面的基础。本章从 HTML 文件的基本结构开始，讲解如何通过各种标签编写一个基本的 HTML 网页，然后介绍如何使用基本的 CSS 来美化网页，希望通过基础内容的学习，大家能打下坚实的基础。

1 HTML 基础

在网络已完全融入人们生活的时代，从网络上获取信息或通过网络反馈个人信息，这些都离不开网页。图 1.1～图 1.3 分别代表了常规的宣传页面、用户反馈调查页面和电子邮箱页面。在这些各式各样的页面中，无论是漂亮的、丑的，还是文字的、图片的、视频的，都是以 HTML 文件为基础制作出来的。本节将介绍 HTML 文件的基本结构，在讲解之前，首先简单介绍什么是 HTML，以及它的发展历史。

图 1.2　反馈调查页面

图 1.1　宣传页面

图 1.3　电子邮箱页面

1.1　HTML 简介

在学习使用 HTML 之前，大家经常会问，什么是 HTML？HTML 是用来描述网页的一种语言，它是一种超文本标记语言（Hyper Text Markup Language），也就是说，HTML 不是一种编程语言，仅是一种标记语言（Markup Language）。

既然 HTML 是标记语言，那么 HTML 就是由一套标记标签（markup tag）组成的，在制作网页时，HTML 使用标记标签来描述网页。

在明白了什么是 HTML 之后，简单介绍一下 HTML 的发展历史，让大家了解 HTML 的发展历程，以及目前最新版本的 HTML，使大家在学习时有一个学习的目标和方向。图 1.4 为 HTML 的发展里程碑。

- 超文本置标语言——1993 年 6 月根据互联网工程工作小组的工作草案发布（并非标准）。
- HTML 2.0——1995 年 11 月作为 RFC 1866 发布，在 RFC 2854 于 2000 年 6 月发布之后被宣布过时。
- HTML 3.2——1997 年 1 月 14 日发布，为 W3C 推荐标准。

- HTML 4.0——1997 年 12 月 18 日发布，为 W3C 推荐标准。

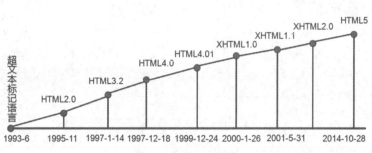

图 1.4　HTML 的发展

- XHTML 1.0——发布于 2000 年 1 月 26 日，是 W3C 推荐标准，修订后于 2002 年 8 月 1 日重新发布。
- XHTML 2.0——W3C 的工作草案，由于改动过大，学习这项新技术的成本过高而最终胎死腹中。因此，现在最常用的还是 XHTML 1.0 标准。
- HTML 5——于 2004 年被提出，2007 年被 W3C 接纳，随后，新的 HTML 工作团队成立，于 2008 年 1 月 22 日发布 HTML 5 第一份正式草案。2012 年 12 月 17 日，HTML 5 规范正式定稿。2013 年 5 月 6 日，HTML 5.1 正式草案公布。

HTML5 从字面上可理解的: HTML 技术标准的第 5 版。从广义上来讲，它是 HTML、CSS、JavaScript、CSS3、API 等的集合体。HTML 5 作为最新版本，提供了一些新的元素和一些有趣的新特性，同时也建立了一些新的规则。这些元素、特性和规则的建立，提供了许多新的网页功能，如使用网页实现动态渲染图形、图表、图像和动画，以及不需要安装任何插件直接使用网页播放视频等。

虽然 HTML 5 提供了许多新的功能，但是它目前仍在完善之中，新的功能还在不断地被推出，纯 HTML 5 的开发还处于尝试阶段。虽然大部分现代浏览器已经具备了某些 HTML 5 的支持，但是还不能完全支持 HTML 5，支持 HTML 5 大部分功能的浏览器仅是一些高版本浏览器，如 IE 9 及更高版本。

通过以上的介绍，相信大家已经明白了 HTML 是什么，以及它的发展历史和本门课程要学习的目标版本，下面我们开始使用 HTML5 的网页结构讲解基础的 HTML 和 CSS。

1.2　HTML 开发工具

开发 HTML 页面非常的灵活，在任何操作系统下均可进行，如 Windows、Linux、Mac OS X。开发工具更是举不胜举，最简单的记事本就可以作为一个工具使用，而且一个得心应手的工具是非常有利于提高开发效率的，如十年之前就开始盛行的 Adobe Dreamweaver，以及 Adobe Edge、JetBrains WebStorm 等等，这几款开发工具都是近年来非常流行的前端开发工具。对于工具的选择本书不做硬性要求，读者可以根据自己的习惯选择开发工具。本书选择 JetBrains WebStorm 作为基本开发工具。

1.3   HTML 基本结构

HTML 的基本结构分为两部分，如图 1.5 所示。整个 HTML 包括头部（head）和主体（body）两部分，头部包括网页标题（title）等基本信息，主体包括网页的内容信息，如图片、文字等。

图 1.5   HTML 代码结构

- 页面的各部分内容都在对应的标签中，如网页以<html>开始，以</html>结束。
- 网页头部以<head>开始，以</head>结束。
- 页面主体部分以<body>开始，以</body>结束。

网页中所有的内容都放在<body>和</body>之间。注意 HTML 标签都以"< >"开始，以"</ >"结束，要求成对出现，标签之间有缩进，能体现层次感，方便阅读和修改。

操作案例 1：我的第一个网页

需求描述

编写一个网页并运行。

完成效果

打开网页，如图 1.6 所示。

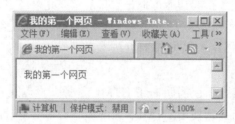

图 1.6   我的第一个网页

技能要点

- HTML 网页结构。

实现步骤

- 打开开发工具，新建 HTML5 文件。

文件创建完毕后通常会自动生成网页结构，代码如下。若没有自动生成，请手动编写完成。

```
<html>
<head>
<title></title>
</head>
<body>
```

```
</body>
</html>
```

● 添加网页标题。

在<title></title>中，添加"我的第一个网页"。

● 添加网页主体内容。

在<body></body>中，添加"我的第一个网页"。

● 运行查看效果。

前面使用 IE 打开第一个网页显示正常，但是如果使用火狐浏览器打开，页面标题和网页内容可能均显示乱码，如图 1.7 所示。为什么会出现这样的情况呢？

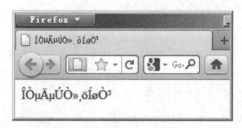

图 1.7　页面出现乱码

在前面的例子中只编写了网页的基本结构，实际上一个完整的网页除了基本结构之外，还包括网页声明、<meta>标签等其他网页基本信息，如示例 1 所示，下面进行详细介绍。

⊃示例 1

```
<!DOCTYPE html>
<html>
<head lang="en">
<meta charset="UTF-8">
<title></title>
</head>
<body>
</body>
</html>
```

1. DOCTYPE 声明

从示例 1 中可以看到，最上面有关于"DOCTYPE"文档类型的声明，它约束 HTML 文档结构，检验其是否符合相关 Web 标准，同时告诉浏览器，使用哪种规范来解释这个文档中的代码。DOCTYPE 声明必须位于 HTML 文档的第一行，<!DOCTYPE html>表示声明本文档是 HTML5 结构文档。

2. <title>标签

使用<title>标签描述网页的标题，类似一篇文章的标题，一般为一个简洁的主题，并能吸引读者有兴趣读下去。例如，课工场网站主页对应的网页标题为：<title>互联网人都在学的在线学习平台</title>。打开网页后，将在浏览器窗口的标题栏显示网页标题。

3. <meta>标签

使用该标签描述网页具体的摘要信息，包括文档内容类型、字符编码信息、搜索关键字、网站提供的功能和服务的详细描述等。<meta>标签描述的内容并不显示，其目的是方便浏览器解析或利于搜索引擎搜索，它采用"名称/值"对的方式描述摘要信息。

（1）文档内容类型、字符编码信息

```
<meta http-equiv="Content-Type" content="text/html; charset=UTF-8" />
```

其中，属性"http-equiv"提供"名称/值"中的名称，"content"提供"名称/值"中的值，HTML 代码的含义如下。

- 名称：Content-Type（文档内容类型）。
- 值：text/html; charset 表示字符集编码。常用的编码有以下几种。
  - gb2312：简体中文，一般用于包含中文和英文的页面。
  - ISO-885901：纯英文，一般用于只包含英文的页面。
  - big5：繁体，一般用于带有繁体字的页面。
  - utf-8：国际性通用的字符编码，同样适用于中文和英文的页面，和 gb2312 编码相比，国际通用性更好，但字符编码的压缩比稍低，对网页性能有一定影响。

这种字符编码的设置效果，就类似于在 IE 中单击"查看"→"编码"菜单，给 HTML 文档设置不同的字符编码。需要注意，不正确的编码设置，将产生网页乱码。

实际上前面网页打开后出现乱码的原因就是没有设置<meta>标签字符编码造成的，从这里可以看出，一个网页的字符编码是多么的重要。因此在制作网页时，一定不要忘记设置网页编码，以免出现页面乱码的问题。

（2）搜索关键字和内容描述信息

```
<meta name="keywords" content="课工场，在线教育平台" />
<meta name="description" content="互联网教育，在线学习平台，视频教程，课工场努力打造国内在线学习平台第一品牌" />
```

实现的方式仍然为"名称/值"对的形式，其中，keywords 表示搜索关键字，description 表示网站内容的具体描述。通过提供搜索关键字和内容描述信息，方便搜索引擎的搜索。

1.4 HTML 基本标签

任何一个网页基本上都是由一个个标签构成的，网页的基本标签包括标题标签、段落标签、换行标签、水平线标签等，表 1-1 是对这些基本标签的概括介绍。

表 1-1 HTML 基本标签

名称	标签	示例
标题标签	<h1>～<h6>	<h1>静夜思</h1>
段落和换行标签	<p>…</p>、 	<p>床前明月光 疑是地上霜</p>
水平线标签	<hr/>	<hr/>
斜体	…	举头望明月
字体加粗	…	低头思故乡

1. 标题标签

标题标签表示一段文字的标题或主题，支持多层次的内容结构。例如，一级标题采用<h1>，二级标题则采用<h2>，其他以此类推。HTML 共提供了 6 级标题<h1>～<h6>，并赋予了标题一定的外观，所有标题字体加粗，<h1>字号最大，<h6>字号最小。示例 2 描述了各级标题对应的 HTML 标签。

⊃示例 2

```
<!DOCTYPE html>
<html>
<head lang="en">
<meta charset="UTF-8">
<title>不同等级的标题标签对比</title>
</head>
<body>
<h1>一级标题</h1>
<h2>二级标题</h2>
<h3>三级标题</h3>
<h4>四级标题</h4>
<h5>五级标题</h5>
<h6>六级标题</h6>
</body>
</html>
```

在浏览器中打开示例 2，预览效果如图 1.8 所示。

图 1.8　不同级别的标题标签输出结果

2. 段落和换行标签

顾名思义，段落标签<p>……</p>表示一段文字等内容。例如，描述"北京欢迎你"这首歌，包括歌名（标题）和歌词（段落），则对应的 HTML 代码如示例 3 所示。

⊃示例 3

```
<!DOCTYPE html>
<html>
<head lang="en">
```

```
<meta charset="UTF-8">
<title>段落标签的应用</title>
</head>
<body>
<h1>北京欢迎你</h1>
<p>北京欢迎你，有梦想谁都了不起！</p>
<p>有勇气就会有奇迹。</p>
</body>
</html>
```

在浏览器中打开示例 3，预览效果如图 1.9 所示。

图 1.9　段落标签的应用

换行标签
表示强制换行显示，该标签比较特殊，没有结束标签，直接使用
表示标签的开始和结束。

3．水平线标签

水平线标签<hr/>表示一条水平线，注意该标签与
标签一样，比较特殊，没有结束标签，使用该标签在网页中的效果如图 1.10 所示。

图 1.10　水平线标签的应用

4．斜体和字体加粗

在网页中，经常会遇到字体加粗或斜体字，字体加粗的标签是……，斜体字的标签是……。例如，在网页中介绍徐志摩，其中人物简介加粗显示，介绍中出现的日期使用斜体，对应的 HTML 代码如示例 4 所示。

⊃示例 4

```
<!DOCTYPE html>
<html>
<head lang="en">
<meta charset="UTF-8">
<title>字体样式标签</title>
</head>
<body>
<strong>徐志摩人物简介</strong>
<p>
<em>1910</em>年入杭州学堂<br/>
<em>1918</em>年赴美国克拉大学学习银行学<br/>
<em>1921</em>年开始创作新诗<br/>
<em>1922</em>年返国后在报刊上发表大量诗文<br/>
<em>1927</em>年参加创办新月书店<br/>
<em>1931</em>年由南京乘飞机到北平，飞机失事，因而遇难<br/>
</p>
</body>
</html>
```

在浏览器中打开示例 4，预览效果如图 1.11 所示。

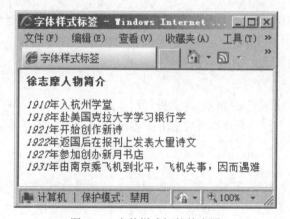

图 1.11　字体样式标签的应用

操作案例 2：静夜思网页制作

需求描述

编写一个网页并运行。

完成效果

打开网页，如图 1.12 所示。

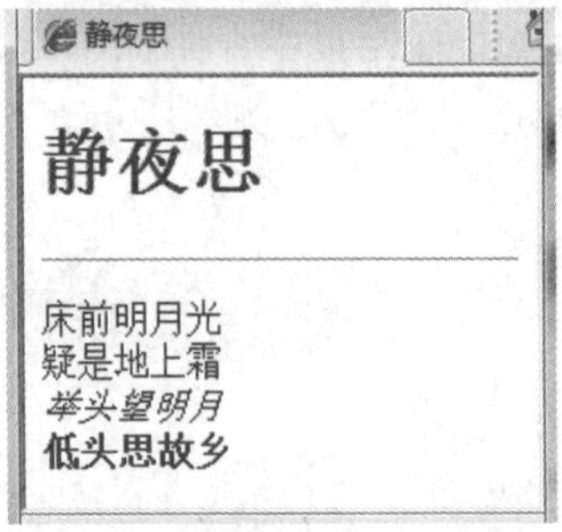

图 1.12　静夜思网页制作

技能要点

- 标题的设置。
- 段落和换行标签的使用。
- 水平线标签的使用。
- 字体样式标签的使用。

1.5　HTML 图像标签

在浏览网页时，随时都可以看到页面上的各种图像，图像是网页中不可缺少的一种元素，下面介绍常见的图像格式和如何在网页中使用图像。

1.5.1　常见的图像格式

在日常生活中，使用比较多的图像格式有 4 种，即 JPG、GIF、BMP、PNG。在网页中使用比较多的是 JPG、GIF 和 PNG，大多数浏览器都可以显示这些图像，不过 PNG 格式比较新，部分浏览器不支持。下面我们就来分别介绍这 4 种常用的图像格式。

1．JPG

JPG（JPEG）图像格式是在 Internet 上被广泛支持的图像格式。JPG 格式采用的是有损压缩，会造成图像画面的失真，不过压缩之后的体积很小，而且比较清晰，所以比较适合在网页中应用。

2．GIF

GIF 图像格式是网页中使用最广泛、最普遍的一种图像格式，它是图像交换格式（Graphics Interchange Format）的英文缩写。GIF 文件支持透明色，使得 GIF 在网页的背景和一些多层特效的显示上运用得非常多。此外，GIF 还支持动画，这是它最突出的一个特点。因此，GIF 图像在网页中应用非常广泛。

3．BMP

BMP 在 Windows 操作系统中使用得比较多，它是位图（Bitmap）的英文缩写。BMP 图像文件格式与其他 Microsoft Windows 程序兼容。它不支持文件压缩，也不适用于 Web 网页。

4．PNG

PNG 是 20 世纪 90 年代中期开始开发的图像文件存储格式，它兼有 GIF 和 JPG 的优势，同时具备 GIF 文件格式不具备的特性。流式网络图形格式（Portable Network Graphic Format，

Ⅰ
Chapter

PNG）的名称来源于非官方的"PNG's Not GIF"，读成"ping"。唯一遗憾的是，PNG 是一种新兴的 Web 图像格式，还存在部分旧版本浏览器（如 IE 5、IE 6 等）不支持的问题。

1.5.2　图像标签的基本语法

图像标签的基本语法如下。

```
<img src="图片地址" alt="图像的替代文字" title="鼠标悬停提示文字"　width="图片宽度"　height="图片高度" />
```

其中：

- src 表示图片路径。
- alt 属性指定的替代文本，表示图像无法显示时（如图片路径错误或网速太慢等）替代显示的文本。这样，即使当图像无法显示时，用户还是可以看到网页丢失的信息内容，如图 1.13 所示。所以 alt 属性在制作网页时和"src"配合使用。
- title 属性可以提供额外的提示或帮助信息，当鼠标移至图片上时显示提示信息，如图 1.14 所示。

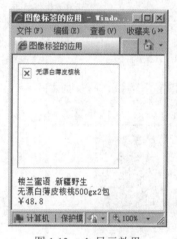

图 1.13　alt 显示效果

图 1.14　title 属性显示效果

- width 和 height 两个属性分别表示图片的宽度和高度，有时可以不设置，那么图片默认显示为原始大小。

1.6　HTML 超链接标签

大家在上网时，经常会通过超链接查看各个页面或不同的网站，因此超链接<a>标签在网页中极为常用。超链接常用来设置到其他页面的导航链接。下面介绍超链接的用法和应用场合。

1.6.1　超链接的基本用法

超链接的基本语法如下。

```
<a href="链接地址" target="目标窗口位置">链接文本或图像</a>
```

- href：表示链接地址的路径。

- target：指定链接在哪个窗口打开，常用的取值有_self（自身窗口）、_blank（新建窗口）。

超链接既可以是文本超链接，也可以是图像超链接。例如，示例 5 中两个链接分别表示文本超链接和图像超链接，单击这两个超链接均能够在一个新的窗口中打开 hetao.html 页面。

⊃示例5

```
<!DOCTYPE html>
<html>
<head lang="en">
<meta charset="UTF-8">
<title>超链接的应用</title>
</head>
<body>
<a href="hetao.html" target="_blank">无漂白薄皮核桃</a><br/><br/>
<a href="hetao.html" target="_blank"><img src="image/hetao.jpg" alt="无漂白薄皮核桃" title="无漂白薄皮核桃"/></a>
</body>
</html>
```

在浏览器中打开页面并单击超链接，显示效果如图 1.15 所示。

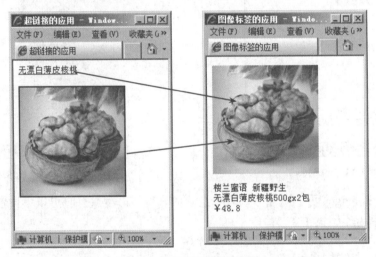

图 1.15　打开超链接示意图

示例 5 中超链接的路径均为文件名称，这表示本页面和跳转页面在同一个目录下，那么，如果两个文件不在同一个目录下，该如何表示文件路径呢？

网页中，当单击某个链接时，将指向万维网上的文档。万维网使用 URL（Uniform Resource Location，统一资源定位器）的方式来定义一个链接地址。例如，一个完整的链接地址的常见形式为 http://www.bdqn.cn。根据链接的地址是指向站外文件还是站内文件，链接地址又分为绝对路径和相对路径。

- **绝对路径**：指向目标地址的完整描述，一般指向本站点外的文件。

例如，<a href="http://www.sohu.com/index.html">搜狐</a>。

- **相对路径：** 相对于当前页面的路径，一般指向本站点内的文件，所以一般不需要一个完整的 URL 地址的形式。

例如，"<a href="login/login.htm">登录</a>" 表示链接地址为当前页面所在路径的 "login" 目录下的 "login.htm" 页面。假定当前页面所在的目录为 "D:\root"，则链接地址对应的页面为 "D:\root\login\login.htm"。

另外，站内使用相对路径时常用到两个特殊符号："../" 表示当前目录的上级目录，"../../" 表示当前目录的上上级目录。假定当前页面中包含两个超链接，分别指向上级目录的 web1.html 及上上级目录的 web2.html，如图 1.16 所示。

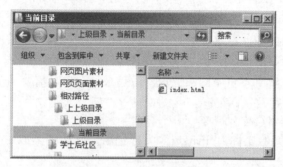

图 1.16　相对路径

当前目录下 index.html 网页中的两个链接，即上级目录中 web1.html 及上上级目录中 web2.html，对应的 HTML 代码如下。

```
<a href="../web1.html">上级目录</a>
<a href="../../web2.html">上上级目录</a>
```

 　　当超链接 href 链接路径为 "#" 时，表示空链接，如<a href="# ">首页</a>。

1.6.2　超链接的应用场合

大家在上网时，会发现不同的链接方式，有的链接到其他页面，有的链接到当前页面，还有单击一个链接直接打开邮件。实际上根据超链接的应用场合，可以把链接分为 3 类。

- 页面间链接：A 页到 B 页，最常用，用于网站导航。
- 锚链接：A 页的甲位置到 A 页的乙位置或 A 页的甲位置到 B 页的乙位置。
- 功能性链接：在页面中调用其他程序功能，如电子邮件、QQ、MSN 等。

1. 页面间链接

页面间链接就是从一个页面链接到另外一个页面。例如，示例 6 中有两个页面间超链接，分别指向课工场在线学习平台的首页和课程列表页面，由于两个指向页面均在当前页面下一级目录下，所以设置的 href 路径显示目录和文件。

➲示例 6

```
<!DOCTYPE html>
<html>
<head lang="en">
```

```
<meta charset="UTF-8">
<title>页面间链接</title>
</head>
<body>
<p><a href="elearing/index.html" target="_blank">课工场在线学习平台</a></p>
<p><a href="elearing/courseList.html" target="_blank">课工场在线学习课程列表
</a></p>
</body>
</html>
```

在浏览器中打开页面，单击两个超链接，分别在两个新的窗口中打开页面。

2. 锚链接

常用于目标页内容很多、需定位到目标页内容中的某个具体位置时。例如，网上常见的新手帮助页面，当单击某个超链接时，将跳转到对应帮助的内容介绍处，这种方式就是前面说的从 A 页面的甲位置跳转到本页中的乙位置，做起来很简单，需要两个步骤。

首先在页面的乙位置设置标记：

```
<a name="marker">目标位置乙</a>
```

"name" 为<a>标签的属性，"marker" 为标记名，其功能类似古时用于固定船的锚（或钩），所以也称为锚名。

然后在甲位置链接路径 href 属性值为 "#标记名"，语法如下。

```
<a href="#marker">当前位置甲</a>
```

明白了如何实现页面的锚链接，现在来看一个例子——聚美优品网站的新手帮助页面。当单击"新用户注册帮助"超链接时将跳转到页面下方"新用户注册"步骤说明相关位置，如图 1.17 所示。

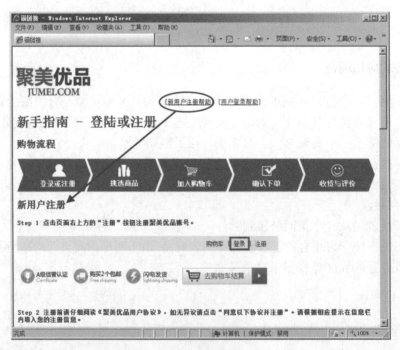

图 1.17　锚链接

上面的例子对应的 HTML 代码如示例 7 所示。

◌示例 7

```
<!--省略部分 HTML 代码-->
<p><img src="image/logo.jpg" width="305" height="104" alt="logo" />
[<a href="#register">新用户注册帮助</a>] [<a href="#login">用户登录帮助</a>]</p>
<h1>新手指南 - 登录或注册</h1>
<!--省略部分 HTML 代码-->
<h2><a name="register">新用户注册</a></h2>
<!--省略部分 HTML 代码-->
<h2><a name="login">登录</a></h2>
<!--省略部分 HTML 代码-->
```

　　上面这个例子是同页面间的锚链接，那么，如果要实现不同页面间的锚链接，即从 A 页面的甲位置跳到 B 页面的乙位置，如单击 A 页面上的"用户登录帮助"链接，将跳转到帮助页面的对应用户登录帮助内容处，该如何实现呢？实际上实现步骤与同页面间的锚链接一样，同样首先在 B 页面（帮助页面）对应位置设置锚标记，如<a name="login">登录</a>，然后在 A 页面设置锚链接，假设 B 页面（帮助页面）名称为 help.html，那么锚链接为<a href="help.html#login">用户登录帮助</a>，实现效果如图 1.18 所示。

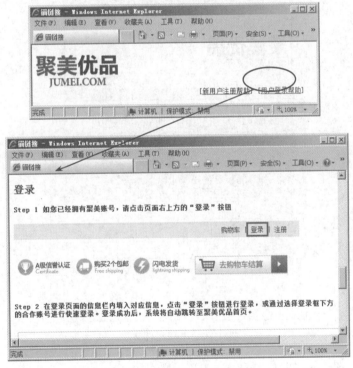

图 1.18　不同页面间的锚链接

3. 功能性链接

　　功能性链接比较特殊，当单击链接时不是打开某个网页，而是启动本机自带的某个应用程序，如网上常见的电子邮件、QQ、MSN 等链接。接下来以最常用的电子邮件链接为例，当单击"联系我们"邮件链接时，将打开用户的电子邮件程序，并自动填写"收件人"文本框中的电子邮件地址。

电子邮件链接的用法是"mailto:电子邮件地址"，完整的 HTML 代码如示例 8 所示。

⊃示例 8

```
<!DOCTYPE html>
<html>
<head lang="en">
<meta charset="UTF-8">
<title>邮件链接</title>
</head>
<body>
<p><img src="image/logo.jpg" width="305" height="104" alt="logo" />
  [<a href="mailto:bdqnWebmaster@bdqn.cn">联系我们</a>] </p>
</body>
</html>
```

在浏览器中打开页面，单击"联系我们"链接，弹出电子邮件编写窗口，如图 1.19 所示。

图 1.19　电子邮件链接

操作案例 3：超链接的应用

需求描述

完成页面之间的链接设置。点击页面 index.html 的不同页面文字，分别跳转到 indexOnline.html 页面和 courseList.html 页面。

完成效果

打开网页 index.html，点击后跳转到不同页面，如图 1.20 所示。

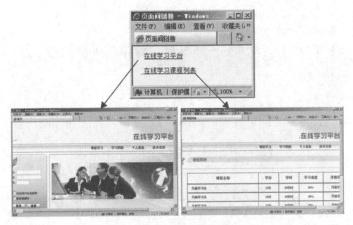

图 1.20　页面间跳转链接

技能要点

● 　超链接的使用。

● 　相对路径。

实现步骤

● 　下载素材文件，打开 index.html。

● 　找到<a>标签，添加 href 属性，添加链接地址。

1.7　注释和特殊符号

HTML 中的注释是为了方便代码阅读和调试。当浏览器遇到注释时会自动忽略注释内容。
HTML 的注释格式如下。

```
<!-- 注释内容 -->
```

当页面的 HTML 结构复杂或内容较多时，需要添加必要的注释方便代码阅读和维护。同
时，有时为了调试，需要暂时注释掉一些不必要的 HTML 代码。例如，将示例 4 中的一些代
码注释掉，如示例 9 所示。

⊃示例 9

```
<!DOCTYPE html>
<html>
<head lang="en">
<meta charset="UTF-8">
<title>字体样式标签</title>
</head>
<body>
<strong>徐志摩人物简介</strong>
<p>
```

```
<!--<em>1910</em>年入杭州学堂<br/>-->
<em>1918</em>年赴美国克拉大学学习银行学<br/>
<em>1921</em>年开始创作新诗<br/>
<em>1922</em>年返国后在报刊上发表大量诗文<br/>
<!--<em>1927</em>年参加创办新月书店<br/>
<em>1931</em>年由南京乘飞机到北平，飞机失事，因而遇难<br/>-->
</p>
</body>
</html>
```

在浏览器中打开示例 9 的预览效果，如图 1.21 所示，被注释掉的内容在页面上不显示。

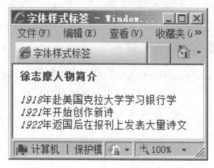

图 1.21　注释的应用

由于大于号（>）、小于号（<）等已作为 HTML 的语法符号，所以，如果要在页面中显示这些特殊符号，就必须使用相应的 HTML 代码表示，这些特殊符号对应的 HTML 代码被称为字符实体。

在 HTML 中常用的特殊符号及对应的字符实体如表 1-2 所示，这些实体符号都以 "&" 开头，以 ";" 结束。

表 1-2　特殊符号

特殊符号	字符实体	示例
空格		<a href="#">百度</a> | <a href="#">Google</a>
大于号（>）	&gt;	如果时间>晚上 6 点，就坐车回家
小于号（<）	&lt;	如果时间<早上 7 点，就走路去上学
引号（"）	&quot;	W3C 规范中，HTML 的属性值必须用成对的"引起来
版权符号（@）	&copy;	© 2013-2016 课工场

2　揭开 CSS 的神秘面纱

在前面的学习中，介绍了简单地使用 HTML 语言编辑网页，那么大家看图 1.22 所示 QQ 页面中的推荐红钻特权页面，然后回答一个问题：使用前面学习过的 HTML 知识能实现这样的页面效果吗？答案是否定的，单纯地使用 HTML 标签是不能实现的，要实现这样精美的网页需要借助于 CSS。到底什么是 CSS 呢？

图 1.22　推荐红钻特权部分页面

2.1　什么是 CSS

CSS 全称为层叠样式表（Cascading Style Sheet），通常又称为风格样式表（Style Sheet），它是用来进行网页风格设计的。例如，在图 1.22 所示页面中就使用了 CSS 混排效果，将图片和文本结合在一起，非常漂亮，并且很清晰，这就是一种风格。

通过设立样式表，可以统一地控制 HTML 中各标签的显示属性，如设置字体的颜色、大小、样式等，使用 CSS 还可以设置文本居中显示、文本与图片的对齐方式、超链接的不同效果等，这样层叠样式表就可以更有效地控制网页外观。

使用层叠样式表，还可以精确地定位网页元素的位置，美化网页外观，如图 1.23 和图 1.24 都是使用了 CSS 来控制设计的页面，它们看起来是不是条理清晰，配色清新，页面结构非常赏心悦目呢？

图 1.23　某下载首页

图 1.24 某网站游戏下载页面

使用 CSS 的优势如下。

● 内容与表现分离，也就是使用前面学习的 HTML 语言制作网页，使用 CSS 设置网页样式、风格，并且 CSS 样式单独存放在一个文件中。这样 HTML 文件引用 CSS 文件就可以了，网页的内容（XHTML）与表现就可以分开了，便于后期的 CSS 样式的维护。

● 表现的统一，可以使网页的表现非常统一，并且容易修改。把 CSS 写在单独的页面中，可以对多个网页应用其样式，使网站中的所有页面表现、风格统一，并且当需要修改页面的表现形式时，只需要修改 CSS 样式，所有的页面样式便同时修改。

● 丰富的样式，使得页面布局更加灵活。

● 减少网页的代码量，增加网页的浏览速度，节省网络带宽。在网页中只写 HTML 代码，在 CSS 样式表中编写样式，这样可以减少页面代码量，并且页面代码清晰。同时一个合理的层叠样式表，还能有效地节省网络带宽，提高用户体验量。

● 运用独立于页面的 CSS，还有利于网页被搜索引擎收录。

其实使用 CSS 远不止这些优点，在以后的学习中，大家会深入地了解 CSS 在网页中的优势，现在进入本章的重点内容，学习 CSS 的基本语法。

2.2　CSS 基本语法

CSS 和 HTML 一样，都是浏览器能够解析的计算机语言。因此，CSS 也有自己的语法规则和结构。CSS 规则由两部分构成：选择器和声明。声明必须放在大括号 { } 中，可以是一条或多条；每条声明由一个属性和值组成，属性和值用冒号分开，每条语句以英文分号结尾。如图 1.25 所示，h1 表示选择器，"font-size:12px;"和"color:#F00;"表示两条声明，声明中 font-size 和 color 表示属性，而 12px 和#F00 则是对应的属性值。

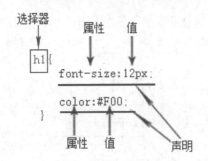

图 1.25 CSS 基础语法

　　了解了 CSS 的基础语法，在网页中如何定义 CSS 呢？在 HTML 中通过使用<style>标签引入 CSS 样式。<style>标签用于为 HTML 文档定义样式信息，位于<head>标签中，它规定浏览器中如何呈现 HTML 文档。在<style>标签中，type 属性是必需的，它用来定义 style 元素的内容，唯一值是 "text/css"，示例 10 简单的展示了如何在网页中对 h1 进行样式设定。

⊃示例 10

```
<!DOCTYPE html>
<html>
<head lang="en">
<meta charset="UTF-8">

<title>CSS 引入到网页</title>
<style type="text/css">
h1{font-size:14px;
font-family:"宋体";
color:red; }
</style>
</head>
<body></body>
</html>
```

　　掌握了如何在 HTML 中编辑 CSS 样式，那么如何把样式应用到 HTML 标签中呢？首先需要学习 CSS 选择器。

2.3 CSS 选择器

　　选择器（selector）是 CSS 中非常重要的概念，所有 HTML 语言中的标签样式，都是通过不同的 CSS 选择器进行控制的。用户只需要通过选择器，就可以对不同的 HTML 标签进行选择，并赋予各种样式声明，即可以实现各种效果。

　　在 CSS 中，有 3 种最基本的选择器，分别是标签选择器、类选择器和 ID 选择器，下面分别进行详细介绍。

　　1．标签选择器

　　一个 HTML 页面由很多的标签组成，如<h1>～<h6>、<p>、<img/>等，CSS 标签选择器就是用来声明这些标签的。因此，每种 HTML 标签的名称都可以作为相应标签选择器的名称。

每个 CSS 选择器都包含选择器本身、属性和值，其中，属性和值可以设置多个，从而实现对同一个标签声明多种样式风格，CSS 标签选择器的语法结构如图 1.26 所示。

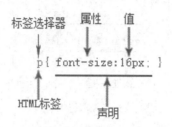

图 1.26 标签选择器

示例 11 声明了<h3>和<p>标签选择器，h3 选择器用于声明页面中所有<h3>标签的样式风格，p 选择器用来声明页面中所有<p>标签的 CSS 风格。

➲示例 11

```
<!DOCTYPE html>
<html>
<head lang="en">
<meta charset="UTF-8">
<title>标签选择器的用法</title>
<style type="text/css">
h3{color:#090;}
p{
        font-size:16px;
        color:red;
   }
</style>
</head>
<body>
<h3>北京欢迎你</h3>
<p>北京欢迎你，有梦想谁都了不起！</p>
<p>有勇气就会有奇迹。</p>
</body>
</html>
```

示例 11 中 CSS 代码声明了 HTML 页面中所有的<h3>标签和<p>标签。<h3>标签中字体颜色为绿色；<p>标签中字体颜色为红色，大小都为 16px。在浏览器中打开页面，即可观察到标题字体颜色为绿色；文本字体颜色为红色，并且字体大小为 16px。

💡注意　标签选择器声明之后，立即对 HTML 中的标签产生作用。

标签选择器是网页样式中经常用到的，通常用于直接设置页面中的标签样式。例如，页面中有<h1>、<h4>、<p>标签，如果相同的标签内容的样式一致，那么使用标签选择器就非常方便了。

2. 类选择器

标签选择器一旦声明，那么页面中所有的该标签都会相应地发生变化。例如，当声明了<p>标签都为红色时，页面中所有的<p>标签都将显示为红色。但是，如果希望其中的某个<p>标签不是红色，而是绿色，仅依靠标记选择器是不够的，还需要引入类（class）选择器。

类选择器的名称可以由用户自定义，属性和值跟标签选择器一样，必须符合 CSS 规范，类选择器的语法结构如图 1.27 所示。

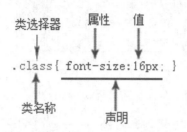

图 1.27 类选择器

设置了类选择器后，就要在 HTML 标签中应用类样式。使用标签的 class 属性引用类样式，即<标签名 class="类名称">标签内容</标签名>。

例如，要使示例 11 中的两个<p>标签中的文本分别显示不同的颜色，就可以通过设置不同的类选择器来实现，代码如示例 12 所示，增加了 green 类样式，并在<p>标签中使用 class 属性引用了类样式。

⊃示例 12

```
<!DOCTYPE html>
<html>
<head lang="en">
<meta charset="UTF-8">
<title>类选择器的用法</title>
<style type="text/css">
h3{color:#090;}
p{
        font-size:16px;
        color:red;
    }
.green{
        font-size:20px;
        color:green;
    }
</style>
</head>
<body>
<h3>北京欢迎你</h3>
<p>北京欢迎你，有梦想谁都了不起！</p>
```

```
<p class="green">有勇气就会有奇迹。</p>
</body>
</html>
```

在浏览器中打开页面，效果如图 1.28 所示，由于第二个<p>标签应用了类样式 green，它的文本字体颜色变为绿色，并且字体大小为 20px；而由于第一个<p>标签没有应用类样式，因此它直接使用标签选择器，字体颜色依然是红色，字体大小为 16px。

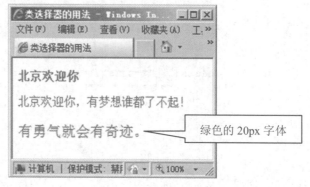

图 1.28 类选择器的效果图

类选择器是网页中最常用的一种选择器，设置了一个类选择器后，只要页面中某个标签中需要相同的样式，直接使用 class 属性调用即可。类选择器在同一个页面中可以频繁地使用，应用起来非常方便。

3. ID 选择器

ID 选择器的使用方法与类选择器基本相同，不同之处在于 ID 选择器只能在 HTML 页面中使用一次，因此它的针对性更强。在 HTML 的标签中，只要在 HTML 中设置了 id 属性，就可以直接调用 CSS 中的 ID 选择器。ID 选择器的语法结构如图 1.29 所示。

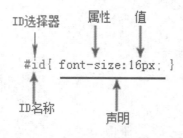

图 1.29 ID 选择器

下面举一个例子说明 ID 选择器在网页中的应用。设置两个 id 属性，分别为 first 和 second，在样式表中设置两个 ID 选择器，代码如示例 13 所示。

⊃示例 13

```
<!DOCTYPE html>
<html>
<head lang="en">
```

```
<meta charset="UTF-8">
<title>ID 选择器的应用</title>
<style type="text/css">
#first{font-size:16px;}
#second{font-size:24px;}
</style>
</head>
<body>
<h1>北京欢迎你</h1>
<p id="first">北京欢迎你，有梦想谁都了不起！</p>
<p id="second">有勇气就会有奇迹。</p>
<p>北京欢迎你，为你开天辟地</p>
<p>流动中的魅力充满朝气。</p>
</body>
</html>
```

在浏览器中打开的页面效果如图 1.30 所示，由于第一个<p>标签设置了 id 为 first，它的字体大小为 16px；第二个<p>标签设置了 id 为 second，它的字体大小为 24px。由此例可知，只要在 HTML 标签中设置了 id 属性，那么此标签就可以直接使用 CSS 中对应的 ID 选择器。

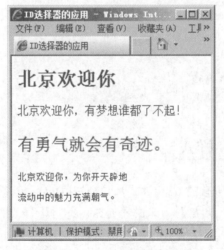

图 1.30　ID 选择器的效果图

ID 选择器与类选择器不同，同一个 id 属性在同一个页面中只能使用一次。虽然这样，但是它在网页中也是经常用到的。例如，在布局网页时，页头、页面主体、页尾或者页面中的菜单和列表等通常都使用 id 属性，这样看到 id 名称就知道此部分的内容，使页面代码具有非常高的可读性。

操作案例 4：选择器的使用

需求描述
完成使用不同的选择器控制不同的字体样式。
● 第一行字体大小为 20，颜色红色，使用标签选择器实现。

- 第二行字体大小为 24，颜色绿色，使用类选择器实现。
- 第三行字体大小为 28，颜色黑色，使用 ID 选择器实现。

完成效果

打开网页 index.html，显示页面不同的字体样式，如图 1.31 所示。

图 1.31　选择器的使用

技能要点

- 使用标签选择器。
- 使用类选择器。
- 使用 ID 选择器。

关键代码

```
p{font-size:20px;color:red;}
.second{font-size:24px;color:#096;}
#third{font-size:28px;color:black;}
```

2.4　网页中引用 CSS 样式

在前面的几个例子中，所有的 CSS 样式都是通过<style>标签放在 HTML 页面的<head>标签中，但是在实际制作网页时，这种方式并不是唯一的，还有其他两种方式可应用 CSS 样式。在 HTML 中引入 CSS 样式的方法有 3 种，分别是：

- 行内样式。
- 内部样式表。
- 外部样式表。

下面依次学习各种应用方式的优缺点及应用场景。

1. 行内样式

行内样式就是在 HTML 标签中直接使用 style 属性设置 CSS 样式。style 属性提供了一种改变所有 HTML 元素样式的通用方法，其用法如下。

```
<h1 style="color:red;">style 属性的应用</h1>
<p style="font-size:14px; color:green;">直接在 HTML 标签中设置的样式</p>
```

这种使用 style 属性设置 CSS 样式的方法仅对当前的 HTML 标签起作用，并且要写在 HTML 标签中。

行内样式法不能使内容与表现相分离，本质上没有体现出 CSS 的优势，因此不推荐使用。

2. 内部样式表

正如前面的所有示例一样，把 CSS 代码写在<head>的<style>标签中，与 HTML 内容位于同一个 HTML 文件，这就是内部样式表。

这种方式方便在同页面中修改样式，但不利于在多页面间共享复用代码及维护，对内容与样式的分离也不够彻底。实际开发时，会在页面开发结束后，将这些样式代码保存到单独的 CSS 文件中，将样式和内容彻底分离开，即下面介绍的外部样式表。

3. 外部样式表

外部样式表是把 CSS 代码保存为一个单独的样式表文件，文件扩展名为.css，在页面中引用外部样式表即可。HTML 文件引用外部样式表有两种方式，分别是链接式和导入式。

● 链接外部样式表

链接外部样式表就是在 HTML 页面中使用<link/>标签链接外部样式表，这个<link/>标签必须放到页面的<head>标签内，语法如下。

```
<head lang="en">
　……
<link href="style.css" rel="stylesheet" type="text/css" />
　……
</head>
```

其中，rel="stylesheet"是指在页面中使用这个外部样式表；type="text/css"是指文件的类型为样式表文本；href="style.css"是文件所在的位置，style.css 是 CSS 样式表文件。

● 导入外部样式表

导入外部样式表就是在 HTML 网页中使用@import 导入外部样式表，导入样式表的语句必须放在<style>标签中，而<style>标签必须放到页面的<head>标签内，语法如下。

```
<head lang="en">
……
<style type="text/css">
<!--
@import url("style.css");
-->
</style>
</head>
```

其中@import 表示导入文件，前面必须有一个@符号，url("style.css")表示样式表文件位置。

两种引用外部样式表的方式的本质相同，都是将一个独立的 CSS 样式表引用到 HTML 页面中，但是它们还是有一些差别的，现在看一下两者的不同之处。

（1）<link/>标签属于 XHTML 范畴，而@import 是 CSS 2.1 中特有的。

（2）使用<link/>链接的 CSS 是客户端浏览网页时先将外部 CSS 文件加载到网页当中，再进行编译显示，所以这种情况下显示出来的网页与用户预期的效果一样，即使网速再慢也是一样的效果。

（3）使用@import 导入 CSS 文件，客户端在浏览网页时先将 HTML 结构呈现出来，再把外部 CSS 文件加载到网页当中，当然最终的效果也与使用<link/>链接文件的效果一样，只是当网速较慢时会先显示没有 CSS 统一布局的 HTML 网页，这样就会给用户很不好的感觉。这也是目前大多数网站采用链接外部样式表的主要原因。

（4）由于@import 是 CSS 2.1 中特有的，因此对于不兼容 CSS 2.1 的浏览器来说就是无效的。

综合以上几个方面的因素，大家可以发现，现在大多数网站还是比较喜欢使用链接外部样式表的方式引用外部 CSS 文件的。

外部样式表实现了样式和结构的彻底分离，一个外部样式表文件可以应用于多个页面。当改变这个样式表文件时，所有页面的样式都会随之改变。这在制作大量相同样式页面的网站时非常有用，不仅减少了重复的工作量，利于保持网站的统一样式和网站维护，同时用户在浏览网页时也减少了重复下载代码的次数，提高了网站的速度。

4．样式优先级

前面一开始就提到 CSS 的全称为层叠样式表，因此对于页面中的某个元素，它允许同时应用多个样式（即叠加），页面元素最终的样式即为多个样式的叠加效果。但这存在一个问题——当同时应用上述的 3 类样式时，页面元素将同时继承这些样式，但样式之间如有冲突，应继承哪种样式？这就存在样式优先级的问题。同理，从选择器角度，当某个元素同时应用标签选择器、ID 选择器、类选择器定义的样式时，也存在样式优先级的问题。CSS 中规定的优先级规则如下。

● 行内样式>内部样式表>外部样式表。
● ID 选择器>类选择器>标签选择器。

行内样式>内部样式表>外部样式表，即"就近原则"。如果同一个选择器中样式声明层叠，那么后写的会覆盖先写的样式，即后写的样式优先于先写的样式。

操作案例 5：外部样式表的使用

需求描述

使用链接外部样式表的方法重新完成操作案例 4，实现页面效果。
● 第一行字体大小为 20，颜色红色，使用标签选择器实现。
● 第二行字体大小为 24，颜色绿色，使用类选择器实现。
● 第三行字体大小为 28，颜色黑色，使用 ID 选择器实现。

完成效果

打开网页 index.html，显示页面不同的字体样式，如图 1.31 所示。

技能要点
● 使用标签选择器。
● 使用类选择器。
● 使用 ID 选择器。
● 链接外部样式表。

实现步骤
● 新建 HTML 文件 index.html、样式表文件 style.css 文件。
● 设置标签选择器样式、类选择器样式、ID 选择器样式。

- 在 index.html 中链接外部样式表 style.css。

本章总结

- HTML 文件的基本结构包括页面声明、页面基本信息、页面头部和页面主体等。
- 网页基本标签包括标题标签<h1>～<h6>、段落标签<p>、水平线标签<hr/>、换行标签
等。
- 插入图片时使用标签<img/>，要求 src 和 alt 属性必选。
- 超链接<a>标签用于建立页面间的导航链接，链接可分为页面间链接、锚链接、功能性链接。
- CSS 语法规则，使用<style>标签引入 CSS 样式。
- CSS 选择器分为标签选择器、类选择器和 ID 选择器。
- 在 HTML 中引入 CSS 样式的 3 种方式分别是行内样式、内部样式表和外部样式表，其中外部样式表使用<link/>标签链接外部 CSS 文件。CSS 样式的优先级依据就近原则。

本章作业

1．请写出网页的基本标签、作用和语法。
2．超链接有哪些类型？它们的区别是什么？
3．制作聚美优品常见问题页面，页面标题和问题使用标题标签完成，问题答案使用段落标签完成，客服温馨提示部分与问题列表之间使用水平线分隔，完成效果如图 1.32 所示。

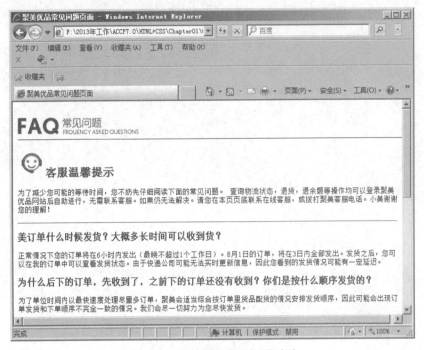

图 1.32　聚美优品常见问题页面

4．使用 CSS 制作网页有哪些优势？

5．使用<style>标签和 style 属性引入 CSS 样式有哪些相同点和不同点？

6．请登录课工场，按要求完成预习作业。

第 2 章

网页穿上美丽外衣

本章技能目标

- 掌握 CSS 的文本和字体样式
- 掌握 CSS 的背景和列表样式

本章简介

大家在浏览网页时会发现，任何一个网页的内容基本上都是以文本和图片的形式传达信息的，因此文本和图片是网页设计不可缺少的元素，也是网页重要的表现形式。

本章从基础的文字样式设置开始，详细讲解使用 CSS 设置文字的各种效果、文字与图片的混排效果、使用 CSS 设置超链接的各种方式，最后讲解网页中背景颜色、背景图片的各种设置方法和列表样式的设置方法。

通过本章的学习，可以对网页的文本、图片、列表、超链接设置各种各样的效果，使网页看起来美观大方、赏心悦目。

1 使用 CSS 美化文本

在浏览网页时看到最多的就是文字，那么文字在网页中除了传递信息外，还有其他什么意义呢？请大家先看图 2.1 所示的某购书网站中优惠广告的页面内容，看完之后请你描述一下看到了什么？

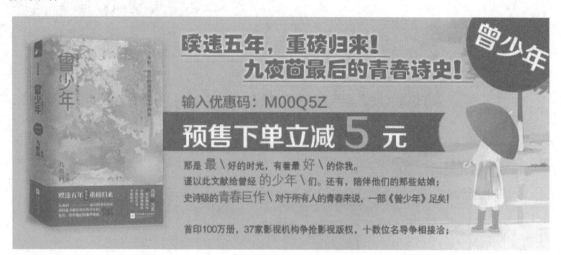

图 2.1　购书网站广告页

"5 元""优惠码""最好""青春巨作""曾少年"，这几组文字是不是最能抓住你的眼球，直击你心灵的呢？为什么大家看完后能记起的都差不多呢？

经过分析可知，大家看到的都是字体较大的、经过 CSS 美化的文本，这些文本突出了页面的主题。因此使用 CSS 美化网页文本具有如下意义。

- 有效地传递页面信息。
- 使用 CSS 美化过的页面更加漂亮、美观、吸引用户。
- 可以很好地突出页面的主题内容，使用户第一眼就可以看到页面的主要内容。
- 具有良好的用户体验效果。

1.1 字体样式

文字是网页最重要的组成部分，通过文字可以传递各种信息，因此本节将学习使用 CSS 设置文字大小、字体类型、文字颜色、字体风格等样式，并通过 CSS 设置文本段落的对齐方式、行高、文本与图片的对齐方式，以及文字缩进方式来排版网页。

1.1.1 <span>标签

在前面的章节中，已经学习了很多 HTML 标签，知道了使用标题标签、段落标签、列表、表格来编辑文本，那么现在想要将一个<p>标签内的几个文字或者某个词语凸显出来，应该如何解决呢？这时<span>标签就闪亮登场了。

在 HTML 中，<span>标签是被用来组合 HTML 文档中的行内元素的，它没有固定的格式，只有对它应用 CSS 样式时，它才会产生视觉上的变化。例如，示例 1 中的文本"24*7""IT 梦想"和"在线学习"的突出显示，就是<span>标签的作用。

⊃示例 1

```
<!DOCTYPE html>
<html lang="en">
<head>
<meta charset="UTF-8">
<title>span 标签的应用</title>
<style type="text/css">
p{font-size:14px;}
p .show,.bird span{font-size:36px; font-weight:bold; color:blue;}
p #dream{font-size:24px; font-weight:bold; color:red;}
</style>
</head>
<body>
<p>享受<span class="show">"24*7"</span>全天候服务</p>
<p>在你身后，有一群人默默支持你成就<span id="dream">IT 梦想</span></p>
<p class="bird">选择<span>在线学习</span>，成就你的梦想</p>
</body>
</html>
```

由上面的代码可以看出，使用 CSS 为<span>标签添加样式，既可以使用类选择器和 ID 选择器，也可以使用标签选择器，在浏览器中打开的页面显示效果如图 2.2 所示。

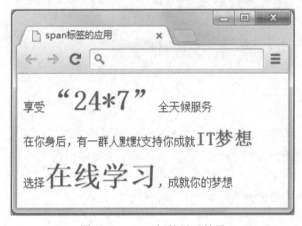

图 2.2　<span>标签显示效果

从页面效果图可以看出，<span>标签可以为<p>标签中的部分文字添加样式，而且不会改变文字的显示方向。它不会像<p>标签和标题标签那样，每对标签独占一个矩形区域。对 span 进行了了解，我们现在就可以进行字体样式的学习了。

CSS 字体属性定义包括字体类型、字体大小、字体是否加粗、字体风格等，常用的字体属性、含义及用法如表 2-1 所示。

表 2-1　常用字体属性

属性名	含义	举例
font-family	设置字体类型	font-family:"隶书";
font-size	设置字体大小	font-size:12px;
font-style	设置字体风格	font-style:italic;
font-weight	设置字体的粗细	font-weight:bold;
font	在一个声明中设置所有字体属性	font:italic bold 36px "宋体";

为了帮助大家深入地理解这几个常用的字体属性，在实际应用中灵活地运用这些字体属性，使网页中的文本发挥它的最大作用，下面对这几个字体属性进行详细介绍。

1.1.2　字体类型

在 CSS 中字体类型是通过 font-family 属性来控制的。例如，需要将 HTML 中所有\<p>标签中的英文和中文分别使用 Verdana 和楷体字体显示，则可以通过标签选择器来定义\<p>标签中元素的字体样式，其 CSS 设置如下。

```
p{font-family:Verdana,"楷体";}
```

font-family 属性，可以同时声明多种字体，字体之间用英文输入模式下的逗号分隔开。另外，一些字体的名称中间会出现空格，如 Times New Roman 字体，或者中文，如楷体，这时需要用双引号将其引起来，使浏览器知道这是一种字体的名称。

注意

　　1）当需要同时设置英文字体和中文字体时，一定要将英文字体设置在中文字体之前，如果中文字体设置于英文字体之前，英文字体设置将不起作用。
　　2）在实际网页开发中，网页中的文本如果没有特殊要求，通常设置为"宋体"；宋体是计算机中默认的字体，如果需要其他比较炫的字体则可使用图片来代替。

1.1.3　字体大小

在网页中，通过文字的大小来突出主题是非常常用的方法，CSS 是通过 font-size 属性来控制文字大小的，常用的单位是 px（像素），在 font.css 文件中设置\<h1>标签字体大小为 24px，\<h2>标签字体大小为 16px，\<p>标签字体大小为 12px，代码如下。

```
body{font-family: Times,"Times New Roman", "楷体";}
h1{font-size:24px;}
h2{font-size:16px;}
p{font-size:12px;}
```

在 CSS 中还有一些其他设置字体大小的单位，如 in、cm、mm、pt、pc，有时也会用百分比（%）来设置字体大小，但是在实际的网页制作中，这些单位并不常用，因此这里不过多讲解。

现在以一个常见的购物商城商品分类的页面来演示字体类型设置的效果，页面代码如示例 2 所示。

○示例2

```
……
<body>
<h1>京东商城——全部商品分类</h1>
<h2>图书、音像、电子书刊</h2>
<p><span>电子书刊</span>电子书网络原创数字杂志多媒体图书目<br/>
<span>音像</span>音乐影视教育音像<br/>
<span>经管励志</span>经济金融与投资管理励志与成功</p>
<h2>家用电器</h2>
<p><span>大家电</span>平板电视空调冰箱 DVD 播放机<br/>
<span>生活电器</span>净化器电风扇饮水机电话机</p>
……
```

上面是商品分类页面的 HTML 代码，从代码中可以看到，页面标题放在<h1>标签中，商品分类名称放在<h2>标签中，商品分类内容放在<p>标签中，而商品分类中的小分类放在<span>标签中。了解了页面的 HTML 代码，下面使用外部样式表的方式创建 CSS 样式，样式表名称为 font.css。由于页面中所有文本均在<body>标签中，因此设置<body>标签中所有字体样式如下。

```
body{font-family: Times,"Times New Roman", "楷体";}
```

在浏览器中查看页面，效果如图 2.3 所示，页面中中文字体为"楷体"，由于作者计算机中没有字体"Times"，因此页面中的英文字体显示为"Times New Roman"。

图 2.3　字体类型页面效果图

1.1.4 字体风格

人们通常会用高、矮、胖、瘦、匀称来形容一个人的外形特点，字体也是一样的，也有自己的外形特点，如倾斜、正常，这些都是字体的外形特点，也就是通常所说的字体风格。

在 CSS 中，使用 font-style 属性设置字体的风格，font-style 属性有 3 个值，分别是 normal、italic 和 oblique，这 3 个值分别告诉浏览器显示标准的字体样式、斜体字体样式、倾斜的字体样式，font-style 属性的默认值为 normal。其中 italic 和 oblique 在页面中显示的效果非常相似。

为了看 italic 和 oblique 的效果，在 HTML 页面的标题代码中增加<span>标签，修改代码如下。

```
<h1>京东商城——<span>全部商品分类</span></h1>
```

在 font.css 中增加字体风格的代码如下。

```
body{font-family: Times,"Times New Roman", "楷体";}
h1{font-size:24px; font-style:italic;}
h1 span{font-style:oblique;}
h2{font-size:16px; font-style:normal;}
p{font-size:12px;}
```

在浏览器中查看的页面效果如图 2.4 所示，标题全部斜体显示，italic 和 oblique 两个值的显示的效果有点相似，而 normal 显示字体的标准样式，因此依然显示<h2>标准的字体样式。

图 2.4　字体风格效果图

1.1.5 字体粗细

在网页中字体加粗突出显示，也是一种常用的字体效果。CSS 中使用 font-weight 属性控制文字粗细，重要的是 CSS 可以将本身是粗体的文字变为正常粗细。font-weight 属性的值如表 2-2 所示。

表 2-2　font-weight 属性的值

值	说明
normal	默认值，定义标准的字体
bold	粗体字体
bolder	更粗的字体

续表

值	说明
lighter	更细的字体
100、200、300、400、500、600、700、800、900	定义由细到粗的字体，400 等同于 normal，700 等同于 bold

现在修改 font.css 样式表中的字体样式，代码如下。

```
body{font-family: Times,"Times New Roman", "楷体";}
h1{font-size:24px; font-style:italic;}
h1 span{font-style:oblique; font-weight:normal;}
h2{font-size:16px; font-style:normal;}
p{font-size:12px;}
p span{font-weight:bold;}
```

在浏览器中查看的页面效果如图 2.5 所示，标题后半部分变为字体正常粗细显示，商品分类中的小分类字体加粗显示。font-weight 属性也是 CSS 设置网页字体时常用的一个属性，通常用来突出显示字体。大家在课下练习使用 font-weight 属性的各种值，然后在浏览器中查看效果，以增强对 font-weight 属性的理解。

图 2.5　字体粗细效果图

1.1.6　字体属性

前面讲解的几个字体属性都是单独使用的，实际上在 CSS 中如果对同一部分的字体设置多种字体属性时，需要使用 font 属性来进行声明，即利用 font 属性一次设置字体的所有属性，各个属性之间用英文空格分开，但需要注意这几种字体属性的顺序依次为字体风格→字体粗细→字体大小→字体类型。

例如，在上面的例子中，<p>标签中嵌套的<span>标签设置了字体的类型、大小、风格和粗细，使用 font 属性可表示如下。

```
p span{font:oblique bold 12px "楷体";}
```

以上讲解了字体在网页中的应用，这些都是针对文字设置的。但是在网页的实际应用中，使用最为广泛的元素，除了字体之外，就是由一个个字体形成的文本，大到网络小说、新闻公告，小到注释说明、温馨提示、网页中的各种超链接等，这些都是互联网中最常见的文本形式。

如果想要使用 CSS 把网页中的文本设置得非常美观，该如何操作呢？这就需要下面的知识——使用 CSS 排版网页文本。

1.2　文本样式

在网页中，用于排版网页文本的样式有文本颜色、水平对齐方式、首行缩进、行高、文本装饰、垂直对齐方式。常用的文本属性、含义及用法如表 2-3 所示。

表 2-3　文本属性

属性	含义	举例
color	设置文本颜色	color:#00C;
text-align	设置元素水平对齐方式	text-align:right;
text-indent	设置首行文本的缩进	text-indent:20px;
line-height	设置文本的行高	line-height:25px;
text-decoration	设置文本的装饰	text-decoration:underline;

在这几种文本属性中，大家对 color 属性已不陌生，其他的属性对大家来说是全新的内容。下面详细讲解并演示这几种属性在网页中的用法。

1.2.1　文本颜色

在 HTML 页面中，颜色统一采用 RGB 格式，也就是通常人们所说的"红绿蓝"三原色模式。每种颜色都由这 3 种颜色的不同比例组成，按十六进制的方法表示，如"#FFFFFF"表示白色、"#000000"表示黑色、"#FF0000"表示红色。在这种十六进制的表示方法中，前两位表示红色分量，中间两位表示绿色分量，最后两位表示蓝色分量。

在网页制作中基本上使用十六进制方法表示颜色。使用十六进制可以表示所有的颜色，如"#A983D8""#95F141""#396""#906"等。从这些小例子中可以看出，有的颜色为 6 位，有的为 3 位，为什么？用 3 位表示颜色值是颜色属性值的简写，当这 6 位颜色值相邻数字两两相同时，可两两缩写为一位，如"#336699"可简写为"#369"，"#EEFF66"可简写为"#EF6"。

下面以京东新闻资讯页面为例来演示文本颜色，页面的 HTML 代码如示例 3 所示，页面中的主体内容放在<p>标签内，时间放在<span>标签中。

⊃示例 3

```
……
<body>
<h1>看不见的完美硬币：细节的负担</h1>
<h2>创新公司皮克斯的启示</h2>
<p>2015 年 05 月 05 日<span class="second">17:47</span></p>
<p><img src="img/book.jpg" alt="图书"/></p>
```

```
<p>细节从来都是个好东西，完美的细节往往让我们赢得商业上的胜利。</p>
……
```

现在使用 color 属性设置时间字体颜色为红色，CSS 代码如下。

```
.second{color:#FF0000;}
```

在浏览器中查看页面效果如图 2.6 所示，页面上的时间数字颜色为红色。

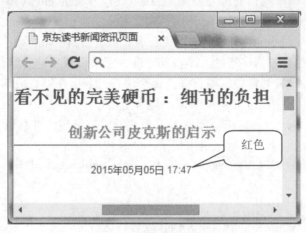

图 2.6　文本颜色效果

1.2.2　水平对齐方式

在 CSS 中，文本的水平对齐是通过 text-align 属性来控制的，通过它可以设置文本左对齐、居中对齐、右对齐和两端对齐。text-align 属性常用值如表 2-4 所示。

表 2-4　text-align 属性常用值

值	说明
left	把文本排列到左边，默认值，由浏览器决定
right	把文本排列到右边
center	把文本排列到中间
justify	实现两端对齐文本效果

通常大家浏览网页新闻页面时会发现，标题或副标题居中显示，新闻发布时间会居中或居右显示，现在通过 text-align 属性设置标题、时间居中显示，CSS 代码如下。

```
h1{font-size:22px;color:#333;font-family:arial,"宋体";text-align:center;}
```

在浏览器中查看页面效果如图 2.6 所示，各部分内容显示效果与 CSS 设置效果完全一致。

1.2.3　首行文本的缩进和行高

在使用 word 编辑文档时，通常会设置段落的行距，并且段落的首行缩进两个字符，在 CSS 中也有这样的属性来实现对应的功能。CSS 中通过 line-height 属性来设置行高，通过 text-indent 属性设置首行缩进。

line-height 属性的值与 font-size 的属性值一样，也是以数字来表示的，单位也是 px。除了使用像素表示行高外，也可以不加任何单位，按倍数表示，这时行高是字体大小的倍数。例如，<p>标签中的字体大小设置为 12px，它的行高设置为"line-height:1.5;"，那么它的行高换算为像素则是 18px。这种不加任何单位的方法在实际网页制作中并不常用，通常使用像素的方法表示行高。

在 CSS 中，text-indent 直接将缩进距离以数字表示，单位为 em 或 px。但是对于中文网页，em 用得较多，通常设置为"2em"，表示缩进两个字符，如 p{text-indent:2em;}。

这里缩进距离的单位 em 是相对单位，其表示的长度相当于本行中字符的倍数。无论字体的大小如何变化，它都会根据字符的大小自动适应，空出设置字符的倍数。

按照中文排版的习惯，通常要求段首缩进两个字符，因此，在进行段落排版，通过 text-indent 属性设置段落缩进时，使用 em 为单位的值，再合适不过了。

根据中文排版习惯，上面京东新闻资讯页面段首没有缩进，并且行与行之间没有距离，显得非常拥挤，那么这两个属性就派上用场了，CSS 代码如下。

```
p{text-indent:2em;color:#333;line-height:1.8;font-size:14px;font-family:arial,"宋体";}
```

1.2.4　文本装饰

网页中经常发现一些文字有下划线、删除线等，这些都是文本的装饰效果。在 CSS 中通过 text-decoration 属性来设置文本装饰。表 2-5 列出了 text-decoration 的常用值。

表 2-5　text-decoration 常用值

值	说明
none	默认值，定义的标准文本
underline	设置文本的下划线
overline	设置文本的上划线
line-through	设置文本的删除线
blink	设置文本闪烁。此值只在 Firefox 浏览器中有效，在 IE 中无效

text-decoration 属性通常用于设置超链接的文本装饰，因此这里不详细讲解，大家知道每个值的用法即可。在后面讲解使用 CSS 设置超链接样式时，会经常用到这些属性。其中 none 和 underline 是常用的两个值。

操作案例 1：京东新闻资讯页面

需求描述
利用文本样式完成对京东新闻资讯页面的文本美化，要求：
- 标题、副标题、新闻发布时间、图片居中显示。
- 标题字体大小 22px，颜色为黑色宋体。
- 标题字体大小 18px，颜色为灰色宋体，加粗显示，行高 30px。
- 发布时间字体大小 12px，行高 30px。
- 正文首行缩进 2 个字符，14px 大小，黑色宋体，英文字体为 arial，行高是字体的 1.8 倍。

完成效果

打开网页，效果如图 2.7 所示。

图 2.7　京东新闻资讯页

技能要点

- 字体样式的设置。
- 文本样式的设置。

1.3　CSS 设置超链接样式

在任何一个网页上，超链接都是最基本的元素，通过超链接能够实现页面的跳转、功能的激活等，因此超链接也是与用户打交道最多的元素之一，下面介绍如何使用 CSS 设置超链接的样式。

1.3.1　超链接伪类

前面的章节已经介绍了超链接的用法，作为 HTML 中常用的标签，超链接的样式有其显著的特殊性：当为某文本或图片设置超链接时，文本或图片标签将继承超链接的默认样式。如图 2.8 所示，文字添加超链接后将出现下划线，图片添加超链接后将出现边框，单击链接前文本颜色为蓝色，单击后文本颜色为紫色。

图 2.8　超链接默认特性

超链接单击前和单击后的不同颜色，其实是超链接的默认伪类样式。所谓伪类，就是不根据名称、属性、内容而根据标签处于某种行为或状态时的特征来修饰样式，也就是说超链接将根据用户未单击访问前、鼠标悬浮在超链接上、单击未释放、单击访问后的 4 个状态显示不同的超链接样式。伪类样式的基本语法为"标签名:伪类名{声明;}"，如图 2.9 所示。

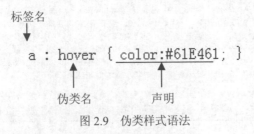

图 2.9　伪类样式语法

最常用的超链接伪类如表 2-6 所示。

表 2-6　超链接伪类

伪类名称	含义	示例
a:link	未单击访问时超链接样式	a:link{color:#9EF5F9;}
a:visited	单击访问后超链接样式	a:visited{color:#333;}
a:hover	鼠标悬浮其上的超链接样式	a:hover{color:#FF7300;}
a:active	鼠标单击未释放的超链接样式	a:active{color:#999;}

　　既然超链接伪类有 4 种，那么在对超链接设置样式时，有没有顺序区别？当然有了，在 CSS 中设置伪类的顺序为 a:link→a:visited→a:hover→a:active，如果先设置"a:hover"再设置 "a:visited"，在 IE 中 "a:hover" 就不起作用了。

　　现在大家思考一个问题，如果设置 4 种超链接样式，那么页面上超链接的文本样式就有 4 种，这样就与大家浏览网页时常见的超链接样式不一样了，大家在上网时看到的超链接无论单击前还是单击后样式都是一样的，只有鼠标悬浮在超链接上的样式有所改变，为什么？

　　大家可能想到的是，"a:hover"设置一种样式，其他 3 种伪类设置一种样式。是的，这样设置确实能实现网上常见的超链接设置效果，但是在实际的开发中，是不会这样设置的。实际页面开发中，仅设置两种超链接样式，一种是超链接 a 标签选择器样式，另一种是鼠标悬浮在超链接上的样式，代码如示例 4 所示。

●示例 4

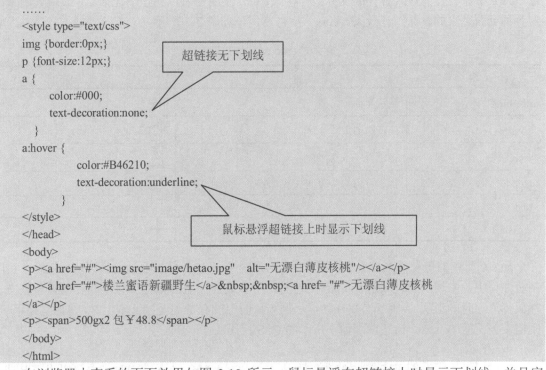

在浏览器中查看的页面效果如图 2.10 所示，鼠标悬浮在超链接上时显示下划线，并且字体颜色为#B46210，鼠标没有悬浮在超链接上时无下划线，字体颜色为黑色。

a 标签选择器样式表示超链接在任何状态下都是这种样式，而之后设置的 a:hover 超链接样式表示当鼠标悬浮在超链接上时显示的样式，这样既减少了代码量，使代码看起来一目了然，又实现了想要的效果。

图 2.10　超链接样式效果

1.3.2　CSS 设置鼠标形状

在浏览网页时，通常看到的鼠标指针形状有箭头、手形和 I 字形，这些效果都是 CSS 通过 cursor 属性设置的各式各样的鼠标指针样式。cursor 属性可以在任何选择器中使用，用来改变各种页面元素的鼠标指针效果。cursor 属性常用值如表 2-7 所示。

表 2-7　cursor 属性常用值

值	说明	图例
default	默认光标	
pointer	超链接的指针	
wait	指示程序正在忙	
help	指示可用的帮助	
text	指示文本	
crosshair	鼠标呈现十字状	

cursor 属性的值有许多，大家根据页面制作的需要来选择使用合适的值即可。但是在实际网页制作中，常用的属性只有 pointer，它通常用于设置按钮的鼠标形状，或者设置某些文本在鼠标悬浮时的形状。例如，当鼠标移至示例 4 页面中没有加超链接文本上时，鼠标呈现手状，则需要为页面中<span>标签增加如下所示的 CSS 代码。

```
span{cursor:pointer;}
```

在浏览器中查看的页面效果如图 2.11 所示，当鼠标移至文本"500gx2 包￥48.8"上时，鼠标变成了手状，这就表示添加的代码生效了。

图 2.11   鼠标形状

2   背景样式

　　大家在上网时能看到各种各样的页面背景（background），有页面整体的图像背景、颜色背景，也有部分的图像背景、颜色背景等。

　　总之，只要浏览网页，背景在网页中无处不在，如图 2.12 所示的网页菜单导航背景、图标背景，如图 2.13 所示的文字背景、标题背景、图片背景、列表背景等等。所有这些背景都为浏览者带来了丰富多彩的视觉感受，以及良好的用户体验。

图 2.12   菜单导航背景

图 2.13   文本和列表背景

　　通过上面的几个页面展示，大家已经了解到背景是网页中最常用的一种技术，无论是单纯的背景颜色，还是背景图像，都能为整体页面带来丰富的视觉效果。既然背景如此重要，那么下面就详细介绍背景在网页中的应用。

Chapter
2

2.1　认识\<div>标签

在学习背景属性之前，先认识一个网页布局中常用的标签——\<div>标签。\<div>标签可以把 HTML 文档分割成独立的、不同的部分，因此\<div>标签常用来进行网页布局。\<div>标签与\<p>标签一样，也是成对出现的，它的语法如下。

```
<div>网页内容…</div>
```

只有在使用了 CSS 样式后，对\<div>进行控制，它才能像报纸、杂志版面的信息块那样，对网页进行排版，制作出复杂多样的网页布局来。此外，在使用\<div>布局页面时，它可以嵌套\<div>，同时也可以嵌套列表、段落等各种网页元素。

关于使用 CSS 控制\<div>标签进行网页布局，将在后续的章节中讲解。本章先认识使用 CSS 中控制网页元素宽、高的两个属性，分别是 width 和 height。这两个属性的值均以数字表示，单位为 px。例如，设置页面中 id 名称为 header 的\<div>的宽和高，代码如下。

```
#header {
        width:200px;
        height:280px;
        }
```

2.2　背景属性

在 CSS 中，背景包括背景颜色（background-color）和背景图像（background-image）两种方式，下面分别进行介绍。

2.2.1　背景颜色

在 CSS 中，使用 background-color 属性设置字体、\<div>、列表等网页元素的背景颜色，它的值的表示方法与 color 一样，也是用十六进制的方法表示背景颜色值，但是它有一个特殊值——transparent，即透明的意思，它是 background-color 属性的默认值。

理解了 background-color 的用法，现在制作某购物网站的商品分类导航，导航标题和导航内容使用不同的颜色显示，页面的 HTML 代码和 CSS 代码如示例 5 所示。

⊃示例 5

```
……
<title>背景颜色</title>
<link href="css/background.css" rel="stylesheet" type="text/css" />
</head>
<body>
<div id="nav">
<div class="title">全部商品分类</div>
<ul>
……
```

```
<li><a href="#">电脑</a> <a href="#">办公</a></li>
<li><a href="#">家居</a> <a href="#">家装</a> <a href="#">厨具
</a></li>
<li><a href="#">服饰鞋帽</a> <a href="#">个护化妆</a></li>
……
</ul>
</div>
</body>
</html>
```

从 HTML 代码中可以看出，页面内的所有内容都在 id 为 nav 的<div>中包含着，导航标题在类名为 title 的<div>中，导航内容在无序列表中。下一步就是根据 HTML 代码编写 CSS 样式，首先设置最外层<div>的宽度、背景颜色，然后设置导航标题的背景颜色、字体样式，最后设置导航内容的样式，代码如下。

```
#nav {
        width:230px;          /*最外层<div>的宽度*/
        background-color:#D7D7D7;        /*最外层<div>的背景颜色*/
    }
.title {
        background-color:#C00;          /*导航标题的背景颜色*/
        font-size:18px;
        font-weight:bold;
        color:#FFF;
        text-indent:1em;                  /*导航标题缩进一个字符*/
        line-height:35px;
    }
#nav ul li {                          /*导航内容的样式*/
        height:25px;
        line-height:25px;
    }
a {                              /*超链接样式，字体黑色，无下划线*/
    font-size:14px;
    text-decoration:none;
    color:#000;
  }
a:hover {                          /*鼠标悬浮于超链接上时出现下划线，字体颜色改变*/
        color:#F60;
        text-decoration:underline;
    }
```

在浏览器中查看的页面效果如图 2.14 所示，导航标题背景颜色为红色，导航内容背景颜色为灰色。

在 CSS 中的注释符号是"/*……*/"，把注释内容放在"/*"与"*/"之间，注释的内容将不起作用。

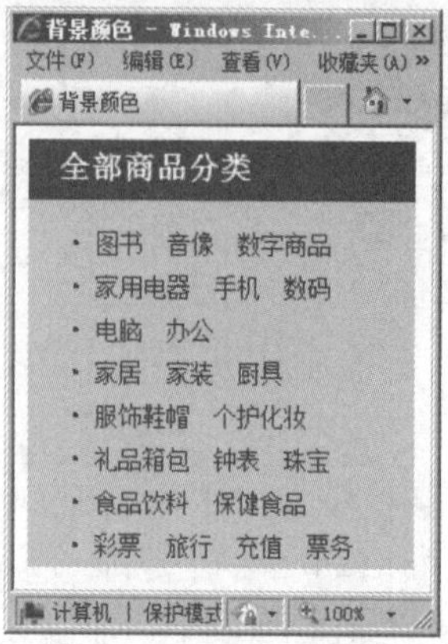

图 2.14　背景颜色页面效果图

2.2.2　背景图像

在网页中不仅能为网页元素设置背景颜色，还可以使用图像作为某个元素的背景，如整个页面的背景使用背景图像设置。CSS 中使用 background-image 属性设置网页元素的背景图像。

在网页中设置背景图像时，背景图像属性通常会与背景重复（background-repeat）方式和背景定位（background-position）两个属性一起使用，下面详细介绍这两个属性。

（1）背景图像

使用 background-image 属性设置背景图像的方式是 background-image:url(图片路径);。在实际工作中，图片路径通常写相对路径。此外，background-image 还有一个特殊的值，即 none，表示不显示背景图像，只是实际工作中这个值很少用。

（2）背景重复方式

如果仅设置了 background-image，那么背景图像默认自动向水平和垂直两个方向重复平铺。如果不希望图像平铺，或者只希望图像沿着一个方向平铺，可使用 background-repeat 属性来控制，该属性有 4 个值来实现不同的平铺方式。

repeat：沿水平和垂直两个方向平铺。

no-repeat：不平铺，即背景图像只显示一次。

repeat-x：只沿水平方向平铺。

repeat-y：只沿垂直方向平铺。

在实际工作中，repeat 通常用于小图片铺平整个页面的背景或铺平页面中某一块内容的背景；no-repeat 通常用于小图标的显示或只需要显示一次的背景图像；repeat-x 通常用于导航背景、标题背景；repeat-y 在页面制作中并不常用。如图 2.15 所示的网页中，页面整体内容背景是一个圆角矩形图像，仅显示一次；搜索按钮下方为水平方向平铺的背景；左侧写信前的背景小图标和搜索框中的背景搜索图标均只显示一次。

（3）背景定位

在 CSS 中，使用 background-position 来设置图像在背景中的位置。背景图像默认从被修饰的网页元素的左上角开始显示图像，但也可以使用 background-position 属性设置背景图像出现的位置，即背景出现一定的偏移量。可以使用具体数值、百分比、关键词 3 种方式表示水平和垂直方向的偏移量，如表 2-8 所示。

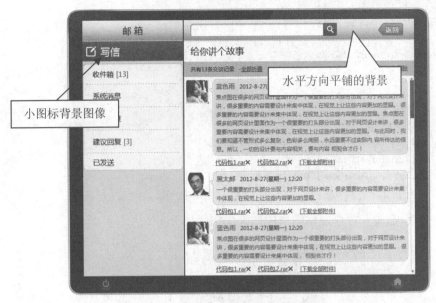

图 2.15　背景图像重复方式

表 2-8　background-position 属性对应的取值

值	含义	示例
Xpos　Ypos	使用像素值表示，第一个值表示水平位置，第二个值表示垂直位置	（1）0px　0px（默认，表示从左上角出现背景图像，无偏移） （2）30px　40px（正向偏移，图像向下和向右移动） （3）-50px　-60px（反向偏移，图像向上和向左移动）
X%　Y%	使用百分比表示背景的位置	30%　50%（垂直方向居中，水平方向偏移 30%）
X、Y 方向关键词	使用关键词表示背景的位置，水平方向的关键词有 left、center、right，垂直方向的关键词有 top、center、bottom	使用水平和垂直方向的关键词进行自由组合，如省略，则默认为 center。例如： right　top（右上角出现） left　bottom（左下角出现） top（上方水平居中位置出现）

　　设置背景图像的几个属性值已经了解了，现在给上面完成的商品分类导航添加背景图标，给导航标题右侧添加向下指示的三角箭头，给每行的导航菜单添加向右指示的三角箭头，HTML 代码不变，在 CSS 中添加背景图像样式，添加的代码如示例 6 所示。

◯示例 6

```
.title {
        background-color:#C00;
        font-size:18px;
        font-weight:bold;
        color:#FFF;
        text-indent:1em;
        line-height:35px;
```

```
        background-image:url(../image/arrow-down.gif);
        background-repeat:no-repeat;
        background-position:205px 10px;
}
#nav ul li {
                height:30px;
                line-height:25px;
                background-image:url(../image/arrow-right.gif);
                background-repeat:no-repeat;
                background-position:170px 2px;
        }
```

在浏览器中查看添加了背景图标的页面效果如图 2.16 所示。

图 2.16　背景图像页面效果图

2.2.3　背景属性简写

如同之前讲解过的 font 属性在 CSS 中可以把多个属性综合声明一起实现简写一样，背景样式的 CSS 属性也可以简写，使用 background 属性简写背景样式。

上面在类 title 样式中声明导航标题的背景颜色和背景图像使用了 4 条规则，使用 background 属性简写后的代码如下。

```
.title {
                font-size:18px;
                font-weight:bold;
                color:#FFF;
                text-indent:1em;
                line-height:35px;
                background:#C00 url(../image/arrow-down.gif) 205px 10px no-repeat;
        }
```

从上述代码中可以看到，使用 background 属性可以减少许多代码，使后期的 CSS 代码维护会非常方便，因此建议使用 background 属性来设置背景样式。

操作案例 2：我的购物车

需求描述

利用背景样式完成对京东"我的购物车"的背景设置，要求：

● 设置购物车背景图片 buy.png。

● 背景图片不平铺。

● 背景颜色为灰色#F9F9F9。

完成效果

打开网页 shopping.html，效果如图 2.17 所示。

技能要点

● 背景图片的设置。

● 背景颜色的设置。

图 2.17   我的购物车

3   列表样式

在网页制作中，很多场合需要使用列表，如常见的树形可折叠菜单、购物网站的商品展示等。既然列表可以发挥如此巨大的作用，那么下面首先来了解一下什么是列表。

3.1   认识列表

什么是列表？简单来说，列表就是数据的一种展示形式。如图 2.18 所示的数据信息就是采用列表完成的。

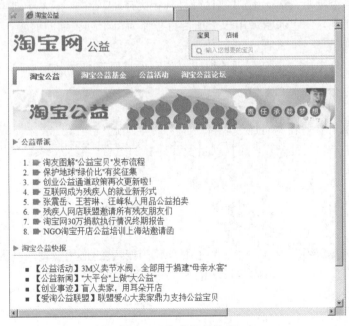

图 2.18   淘宝公益信息

除了图 2.18 所示的页面效果外，在不同的场合使用列表有不同的效果。例如，在百度词典中，对于提问的解释也可以使用列表来完成，如图 2.19 所示。

图 2.19　百度词典

通过以上的介绍，相信大家大致了解了什么是列表，列表可以做什么。那么接下来再来看看在 HTML 中，列表是如何进行分类的。

HTML 支持的列表形式总共有以下 3 种。

●　无序列表

无序列表是一个项目列表，使用项目符号标记无序的项目。在无序列表中，各个列表项之间没有顺序级别之分，它通常使用一个项目符号作为每个列表项的前缀。

●　有序列表

同样，有序列表也由一个个列表项组成，列表项目既可使用数字标记，也可以使用字母进行标记。

●　定义列表

定义列表是当无序列表和有序列表都不适合时，通过自定义列表来完成数据展示，所以定义列表不仅仅是一个项目列表，还是项目及其注释的组合。定义列表在使用时，在每一列项目前不会添加任何标记。

3.2　列表的使用

通过前面的列表介绍，大家已经了解了 HTML 中列表的作用及使用列表的效果。那么，该如何使用列表呢？这就是下面将要讲解的内容——列表的使用方法。

3.2.1　无序列表

无序列表使用<ul>和<li>标签组成，使用<ul>标签作为无序列表的声明，使用<li>标签作为每个列表项的起始，在浏览器中查看到的页面效果如图 2.20 所示，可以看到 3 个列表项前面均有一个实心圆。

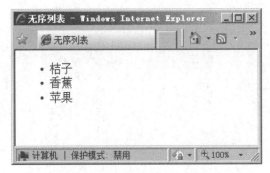

图 2.20　无序列表

图 2.20 所示页面对应的代码实现如示例 7 所示。

●示例 7

```
<body>
<ul>
<li>桔子</li>
<li>香蕉</li>
<li>苹果</li>
</ul>
</body>
```

如果希望使用无序列表时，列表项前的项目符号改用其他项目符号，那么应该怎么办呢？<ul>标签有一个 type 属性，这个属性的作用就是指定在显示列表时所采用的项目符号类型。type 属性的取值不同，显示的项目符号的形状也不同，取值说明如表 2-9 所示。

表 2-9　type 属性的取值

取值	说明
disc	项目符号显示为实心圆，默认值
square	项目符号显示为实心正方形
circle	项目符号显示为空心圆

在示例 8 中分别使用了不同的 type 属性取值来定义列表的项目符号显示。

●示例 8

```
<body>
<h4>type=circle 时的无序列表：</h4>
<ul type="circle">
<li>桔子</li>
<li>香蕉</li>
<li>苹果</li>
```

```
</ul>
<h4>type=disc 时的无序列表：</h4>
<ul type="disc">
<li>桔子</li>
<li>香蕉</li>
<li>苹果</li>
</ul>
<h4>type=square 时的无序列表：</h4>
<ul type="square">
<li>桔子</li>
<li>香蕉</li>
<li>苹果</li>
</ul>
</body>
```

在浏览器中查看页面效果，如图 2.21 所示。

图 2.21　无序列表的 type 属性

3.2.2　有序列表

无序列表与有序列表的区别在于有序列表的各个列表项有先后顺序，所以会使用数字进行标识。有序列表使用<ol>和<li>标签组成，使用<ol>标签作为有序列表的声明，同样使用<li>标签作为每个列表项的起始。有序列表的代码应用如示例 9 所示。

⊃示例 9

```
<body>
<p>有序列表</p>
<ol>
<li>桔子</li>
```

```
<li>香蕉</li>
<li>苹果</li>
</ol>
</body>
```

在浏览器中查看页面效果，如图 2.22 所示。

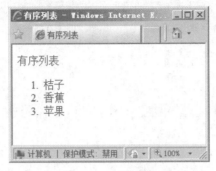

图 2.22　有序列表

与无序列表一样，有序列表的项目符号也可以进行设置。在<ol>中也存在一个 type 属性，作用同样是用于修改项目列表的符号。属性的取值说明如表 2-10 所示。

表 2-10　type 属性的取值

取值	说明
1（数字）	使用数字作为项目符号
A/a	使用大写/小写字母作为项目符号
I/i	使用大写/小写罗马数字作为项目符号

不同的 type 属性取值，会导致列表显示的效果不同，代码如示例 10 所示。

➲示例 10

```
......
<h4>type=1 时的有序列表</h4>
<ol type="1">
    <li>桔子</li>
    <li>香蕉</li>
    <li>苹果</li>
</ol>
<h4>type=a 时的有序列表</h4>
<ol type="a">
    <li>桔子</li>
    <li>香蕉</li>
    <li>苹果</li>
</ol>
......
```

在浏览器中查看页面效果，如图 2.23 所示。

Chapter
2

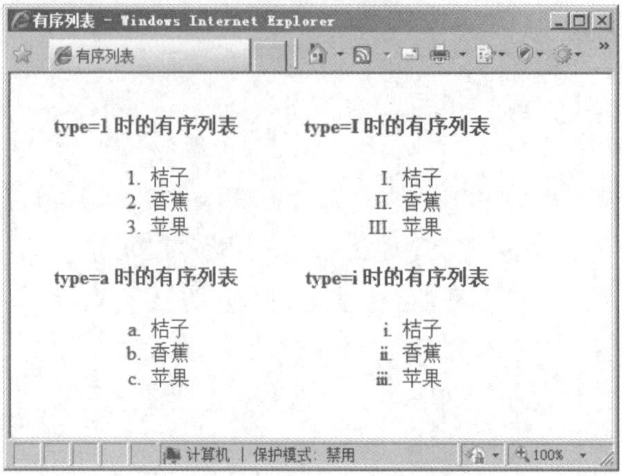

图 2.23　有序列表的 type 属性

3.2.3　定义列表

　　定义列表是一种很特殊的列表形式，它是标题及注释的结合。定义列表的语法相对于无序和有序列表不太一样，它使用<dl>标签作为列表的开始，使用<dt>标签作为每个列表项的起始，而对于每个列表项的定义则使用<dd>标签来完成。下面以图 2.24 的效果为例，使用定义列表的方式来完成。

图 2.24　定义列表

　　从图 2.24 中可以看出，第一行文字"所属学院"类似于一个题目，而第二行的文字"计算机应用"属于对第一行题目的解释，这种显示风格就是定义列表，其代码实现如示例 11 所示。

○示例 11

```
<body>
<dl>
<dt>所属学院</dt>
<dd>计算机应用</dd>
<dt>所属专业</dt>
<dd>计算机软件工程</dd>
</dl>
</body>
```

　　至此，我们已经学习了 HTML 中 3 种列表的使用方式，归纳起来如表 2-11 所示。

表 2-11　3 种列表的比较

类型	说明	项目符号
无序列表	以<ul>标签来实现 以<li>标签表示列表项	通过 type 属性设置项目符号 包括 disc（默认）、square 和 circle
有序列表	以<ol>标签来实现 以<li>标签表示列表项	通过 type 属性设置项目顺序 包括 1（数字，默认）、A（大写字母）、a（小写字母）、I（大写罗马数字）和 i（小写罗马数字）
定义列表	以<dl>标签来实现 以<dt>标签定义列表项 以<dd>标签定义内容	无项目符号或显示顺序

最后总结一下列表常用的一些技巧，包括列表常用场合及列表使用中的注意事项。

- 无序列表中的每项都是平级的，没有级别之分，并且列表中的内容一般都是相对简单的标题性质的网页内容。而有序列表则会依据列表项的顺序进行显示。
- 在实际的网页应用中，无序列表 ul-li 比有序列表 ol-li 应用得更加广泛，有序列表 ol-li 一般用于显示带有顺序编号的特定场合。
- 定义列表 dl-dt-dd 一般适用于带有标题和标题解释性内容或者图片和文本内容混合排列的场合。

操作案例 3：制作易趣网商品列表

需求描述

使用定义列表制作易趣网商品列表页面。

完成效果

页面效果如图 2.25 所示。

图 2.25　易趣网商品列表

技能要点

● 自定义标签。

实现步骤

● 下载素材文件。

● 创建 list .html。

● 搭建页面布局，头部使用图片代替。

● 自定义列表。

● 把图片作为商品的标题性内容放在标签<dt>中，把价格和商品的简单介绍放在标签<dd>中。

3.3 列表的样式

在浏览网页时，使用列表组织网页内容是无处不在的。例如，横向导航菜单、竖向菜单、新闻列表、商品分类列表等，基本都是使用 ul-li 结构列表实现的。但是和实际网页应用的导航菜单（如图 2.26 所示）相比，样式方面比较难看，传统网页中的菜单、商品分类使用中的列表均没有前面的圆点符号，该如何去掉这个默认的圆点符号呢？

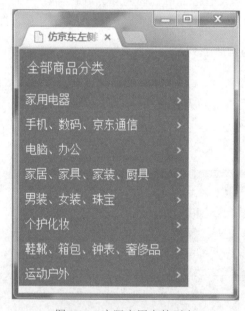

图 2.26　实际应用中的列表

这就用到 CSS 的列表属性。CSS 列表有 4 个属性来设置列表样式，分别是 list-style-type、list-style-image、list-style-position 和 list-style。下面分别介绍这 4 个属性。

3.3.1　list-style-type

list-style-type 属性设置列表项标记的类型，常用的属性值如表 2-12 所示。

表 2-12 list-style-type 常用属性值

值	说明	语法示例	图示示例
none	无标记符号	list-style-type:none;	刷牙 洗脸
disc	实心圆，默认类型	list-style-type:disc;	●刷牙 ●洗脸
circle	空心圆	list-style-type:circle;	○刷牙 ○洗脸
square	实心正方形	list-style-type:square;	■刷牙 ■洗脸
decimal	数字	list-style-type:decimal;	1. 刷牙 2. 洗脸

3.3.2 list-style-image

list-style-image 属性是使用图像来替换列表项的标记，当设置了 list-style-image 后，list-style-type 属性都将不起作用，页面中仅显示图像标记。但是在实际网页浏览中，为了防止个别浏览器可能不支持 list-style-image 属性，都会设置一个 list-style-type 属性以防图像不可用。例如，把某图像设置为列表中的项目标记，代码如下。

```
li {
    list-style-image:url(image/arrow-right.gif);
    list-style-type:circle;
}
```

3.3.3 list-style-position

list-style-position 属性设置在何处放置列表项标记，它有两个值，即 inside 和 outside。inside 表示项目标记放置在文本以内，且环绕文本根据标记对齐；outside 是默认值，它保持标记位于文本的左侧，列表项标记放置在文本以外，且环绕文本不根据标记对齐。例如，设置项目标记在文本左侧，代码如下。

```
li {
    list-style-image:url(image/arrow-right.gif);
    list-style-type:circle;
    list-style-position:outside;
}
```

3.3.4 list-style

与背景属性一样，设置列表样式也有简写属性。list-style 简写属性表示在一个声明中设置所有列表的属性。list-style 简写按照 list-style-type→list-style-position→list-style-image 顺序设置属性值。例如，上面的代码可简写为如下形式。

```
li {
    list-style:circle outside url(image/arrow-right.gif);
}
```

Chapter
2

使用 list-style 设置列表样式时，可以不设置其中的某个值，未设置的属性会使用默认值。例如，"list-style:circle outside;"默认没有图像标记。

在上网时，大家都会看到网页中的列表很少使用 CSS 自带的列表标记，而是设计的图标，那么大家会想使用 list-style-image 就可以了。可是 list-style-position 不能准确地定位图像标记的位置，通常网页中图标的位置都是非常精确的。因此在实际的网页制作中，通常使用 list-style 或 list-style-type 设置项目无标记符号，然后通过背景图像的方式把设计的图标设置成列表项标记。所以在网页制作中，list-style 和 list-style-type 两个属性是经常用到的，而另两个属性则不太常用，因此在这里大家牢记 list-style 和 list-style-type 的用法即可。

现在用所学的 CSS 列表属性修改示例 6，把商品分类中前面默认的列表符号去掉，并且使用背景图像设置列表前的背景小图片。由于 HTML 代码没有变，现在仅需要修改 CSS 代码，代码如示例 12 所示。

⟳示例 12

```
……
#nav ul li {
        height:30px;
        line-height:25px;
        background:url(../image/arrow-icon.gif) 5px 7px no-repeat; /*设置背景图标*/
        list-style-type:none;/*设置无标记符号*/
        text-indent:1em;
    }……
```

在浏览器中查看的页面效果如图 2.27 所示，列表前已无默认的列表项标记符号。列表前显示了设计的小三角图标，通过代码可以精确地设置小三角图标的位置。

图 2.27　列表样式效果图

操作案例 4：京东首页左侧列表制作

需求描述

仿照京东首页左侧的商品类别列表，使用列表样式制作美化该列表。

完成效果

页面效果如图 2.26 所示。

技能要点

● 自定义标签。

关键代码

使用如下代码来设定列表的样式。

```
ul{background:#C81623;list-style:none;}
li{
    height:30px;
    line-height:30px;
    font-size:14px;
    padding-left:8px;
    color:#fff;
    background:url(img/bg.png) no-repeat 195px center;
}
```

本章总结

● 使用 CSS 的字体样式设置字体的大小、类型、风格、粗细等。

● 使用 CSS 的文本样式设置文本的颜色、对齐方式、首行缩进、行距、文本装饰等。

● 使用 CSS 的超链接样式设置伪类超链接在不同状态下的样式。

● 使用 CSS 的背景属性设置页面背景颜色、背景图片，为列表设置列表自定义图标。

● 使用 CSS 的列表属性设置列表项的类型、列表图像及列表符号显示位置。

本章作业

1. 使用 font-family 属性同时设置英文字体和中文字体时需要注意什么问题？

2. 在 CSS 中，常用的背景属性有哪几个？它们的作用是什么？

3. 无序列表、有序列表和定义列表适用的场合分别是什么？

4. 制作如图 2.28 所示的席幕容的诗《初相遇》（页面效果等见提供的素材），页面要求如下。

● 使用<h1>标签排版文本标题，字体大小为 18px。

● 使用<p>标签排版文本正文，首行缩进为 2em，行高为 22px。

● 首段第一个"美"字，字体大小为 18px、加粗显示。第二段中的"胸怀中满溢……在我眼前"字体风格为倾斜，颜色为蓝色，字体大小为 16px。正文其余文字大小为 12px。

● 最后一段文字带下划线，鼠标移至文本上时显示为手形。

● 使用外部样式表创建页面样式。

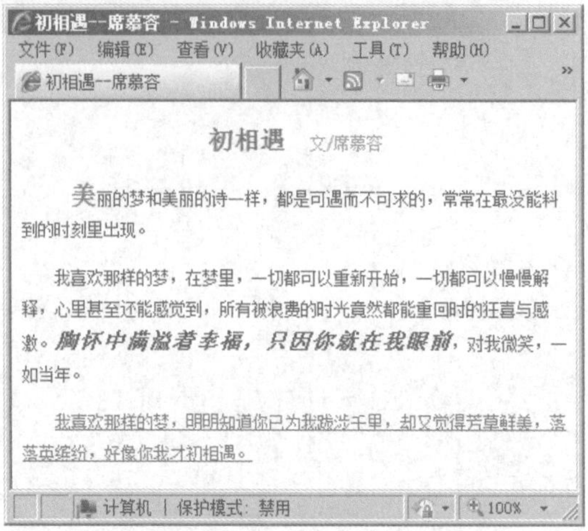

图 2.28　《初相遇》页面效果图

5. 制作如图 2.29 所示的淘宝女装分类页面（页面效果等见提供的素材），页面要求如下。
- 使用<div>和标题等 HTML 标签编辑页面。
- 女装各分类名称前的图片使用背景图片的方式实现，标题字体大小为 18px，加粗显示。
- 分类内容字体大小为 12px，超链接文本字体颜色为黑色，无下划线，当鼠标移至超链接文本上时字体颜色为橙色（#F60），并且显示下划线。
- 使用外部样式表创建页面样式。

图 2.29　女装分类页面效果图

6. 请登录课工场，按要求完成预习作业。

使用 CSS 美化表单

本章技能目标

- 熟悉表格的基本用法
- 掌握表单的用法
- 掌握 CSS 高级选择器的用法

本章简介

表单是实现用户与网页之间信息交互的基础，通过在网页中添加表单可以实现诸如会员注册、用户登录、提交资料等交互功能。本章将结合之前学习的 CSS 美化知识，讲解如何在网页中制作表单，并使用表单元素创建一个完美的表单，同时介绍网页中常见的一种数据展现工具——表格。表格在很多页面中还发挥着页面排版的作用，表格可以灵活清晰的对表单进行布局。接下来我们就进入这方面的学习。

1 表格

表格不但在日常生活中十分常见，在网页中的应用也非常广泛。从某种意义上讲表格属于块状元素，发明该标签的初衷是用于显示表格数据。例如，学校中常见的考试成绩单、选修课课表、企业中常见的工资账单等。

由于表格行列的简单结构，在生活中的广泛使用，对它的理解和编写都很方便。表格每行的列数通常一致，同行单元格高度一致且水平对齐，同列单元格宽度一致且垂直对齐。这种严格的约束形成了一个不易变形的长方形盒子结构，堆叠排列起来结构很稳定。图 3.1 所示的是一个网上商城鞋品分类的商品列表页，它就是一个典型的表格结构。

图 3.1　商品列表结构

1.1　表格基本结构

先看一看表格的基本结构。表格是由指定数目的行和列组成的，如图 3.2 所示。

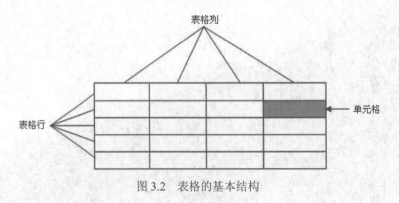

图 3.2　表格的基本结构

从图 3.2 可以看出，一个表格由行、列、单元格构成。

- 行

一个或多个单元格横向堆叠形成了行。

- 列

由于表格单元格的宽度必须一致，所以单元格纵向排列形成了列。

- 单元格

表格的最小单位，一个或多个单元格纵横排列组成了表格。

1.2 表格基本语法

创建表格的基本语法如下。

```
<table>
<tr>
<td>第 1 个单元格的内容</td>
<td>第 2 个单元格的内容</td>
……
</tr>
<tr>
<td>第 1 个单元格的内容</td>
<td>第 2 个单元格的内容</td>
……
</tr>
</table>
```

创建表格一般分为下面 3 步。

第一步：创建表格标签<table>……</table>。

第二步：在表格标签<table>……</table>里创建行标签<tr>……</tr>，可以有多行。

第三步：在行标签<tr>……</tr>里创建单元格标签<td>……</td>，可以有多个单元格。

为了显示表格的轮廓，一般还需要设置<table>标签的"border"边框属性，指定边框的宽度。

例如，在页面中添加一个 2 行 3 列的表格，对应的 HTML 代码如示例 1 所示。

⊃示例 1

```
<!doctype html>
<html lang="en">
<head>
<meta charset="UTF-8">
<title>基本表格</title>
</head>
<body>
<table border="2">
<tr>
<td>1 行 1 列的单元格</td>
```

```
<td>1 行 2 列的单元格</td>
<td>1 行 3 列的单元格</td>
</tr>
<tr>
<td>2 行 1 列的单元格</td>
<td>2 行 2 列的单元格</td>
<td>2 行 3 列的单元格</td>
</tr>
</table>
</body>
</html>
```

在浏览器中查看页面效果，如图 3.3 所示。

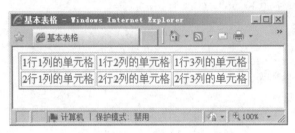

图 3.3 创建基本表格

1.3 表格的跨行跨列

上面介绍了简单表格的创建，而现实中往往需要较复杂的表格，有时就需要把多个单元格合并为一个单元格，这就要用到表格的跨行跨列功能。

1.3.1 表格的跨列

跨列是指单元格的横向合并，语法如下。

```
<table>
<tr>
<td colspan="所跨的列数">单元格内容</td>
</tr>
</table>
```

col 为 column（列）的缩写，span 为跨度，所以 colspan 的意思为跨列。下面通过示例 2 来说明 colspan 属性的用法，对应的页面效果如图 3.4 所示。

⊃示例2

```
<!doctype html>
<html lang="en">
<head>
<meta charset="UTF-8">
<title>跨多列的表格</title>
</head>
```

```
<body>
<table width="200" border="1">
<tr>
<td colspan="2">学生成绩</td>
</tr>
<tr>
<td>语文</td>
<td>98</td>
</tr>
<tr>
<td>数学</td>
<td>95</td>
</tr>
</table>
</body>
</html>
```

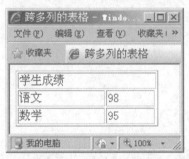

图 3.4　跨列的表格

1.3.2　表格的跨行

跨行是指单元格在垂直方向上合并，语法如下。

```
<table>
<tr>
<td rowspan="所跨的行数">单元格内容</td>
</tr>
</table>
```

row 为行的意思，rowspan 即为跨行。下面通过示例 3 来说明 rowspan 属性的用法，页面对应的效果如图 3.5 所示。

⊃示例 3

```
<!doctype html>
<html lang="en">
<head>
<meta charset="UTF-8">

<title>跨多行的表格</title>
```

```
</head>
<body>
<table width="500" border="1">
<tr>
<td rowspan="2">张三</td>
<td>语文</td>
<td>98</td>
</tr>
<tr>
<td>数学</td>
<td>95</td>
</tr>
<tr>
<td rowspan="2">李四</td>
<td>语文</td>
<td>88</td>
</tr>
<tr>
<td>数学</td>
<td>91</td>
</tr>
</table>
</body>
</html>
```

图 3.5　跨行的表格

1.3.3　表格的跨行跨列

　　有时表格中既有跨行又有跨列的情况，从而形成了相对复杂的表格显示，代码如示例 4 所示。

➲示例 4

```
<!doctype html>
<html lang="en">
<head>
<meta charset="UTF-8">
<title>跨行跨列的表格</title>
```

```
</head>
<body>
<table width="200" border="1">
<tr>
<td colspan="3">学生成绩</td>
</tr>
<tr>
<td rowspan="2">张三</td>
<td>语文</td>
<td>98</td>
</tr>
<tr>
<td>数学</td>
<td>95</td>
</tr>
<tr>
<td rowspan="2">李四</td>
<td>语文</td>
<td>88</td>
</tr>
<tr>
<td>数学</td>
<td>91</td>
</tr>
</table>
</body>
</html>
```

在浏览器中查看页面效果，如图 3.6 所示。

图 3.6　跨行、跨列的综合应用

操作案例 1：成绩展示表

需求描述

创建一个表格，展示成绩信息。

完成效果

打开网页，运行效果如图 3.7 所示。

图 3.7　成绩展示表

技能要点

- 表格的创建。
- 表格的跨行跨列。

2　表单

表单在网页中应用比较广泛，如申请电子邮箱，用户需要先填写注册信息，然后才能提交申请。又如希望登录邮箱收发电子邮件，也必须在登录页面中输入用户名密码才能进入邮箱，这就是典型的表单应用。

通俗地讲，表单就是一个将用户信息组织起来的容器。将需要用户填写的内容放置在表单容器中，当用户单击"提交"按钮的时候，表单会将数据统一发送给服务器。

表单的应用比较常见，典型的应用场景如下。

- 登录、注册：登录时填写用户名、密码，注册时填写姓名、电话等个人信息。
- 网上订单：在网上购买商品，一般要求填写姓名、联系方式、付款方式等信息。
- 调查问卷：回答对某些问题的看法，以便形成统计数据，方便分析。
- 网上搜索：输入关键字，搜索想要的可用信息。

为了方便用户操作，表单提供了多种表单元素，除了最常见的单行文本框之外，还有密码框、单选按钮、下拉列表框、提交按钮等。图 3.8 所示为人人网用户注册页面，该页面就是由一个典型的表单构成的。

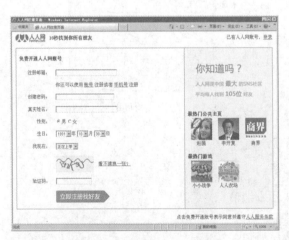

图 3.8　人人网用户注册页面

2.1　表单基本结构

在 HTML 中，使用<form>标签来实现表单的创建，该标签用于在网页中创建表单区域，它属于一个容器标签，其他表单标签在它的范围中才有效。示例 5 为创建一个简单的表单的代码。

⊃示例5

```
<form   method="post" action="result.html">
<p>名字：<input name="name" type="text" ></p>
<p>密码：<input name="pass" type="password" ></p>
<p>
<input type="submit" name="Button" value="提交">
<input type="reset" name="Reset" value="重填">
</p>
</form>
```

在浏览器中查看示例 5 的页面效果，如图 3.9 所示。

图 3.9　简单的表单

表单标签有两个常用的属性：action 和 method，关于它们的意义如表 3-1 所示。

表 3-1　<form>标签的属性

属性	说明
action	此属性指示服务器上处理表单输出的程序。一般来说，当用户单击表单上的"提交"按钮后，信息发送到 Web 服务器上，由 action 属性所指定的程序处理。语法为 action = "URL"。如果 action 属性的值为空，则默认表单提交到本页
method	此属性告诉浏览器如何将数据发送给服务器，它指定向服务器发送数据的方法（用 post 方法还是用 get 方法）。如果值为 get，浏览器将创建一个请求，该请求包含页面 URL、一个问号和表单的值，浏览器会将该请求返回给 URL 中指定的脚本以进行处理。如果将值指定为 post，表单上的数据会作为一个数据块发送到脚本，而不使用请求字符串，语法为 method = (get | post)

示例 5 就是使用 post 方法将表单提交给"result.html"页面。若把 method="post"改为 method="get"，就变成了使用 get 方法将表单提交给"result.html"页面处理。这两种方法都是

Chapter 3

将表单数据提交给服务器上指定的程序进行处理,那有什么区别呢?

先让大家看看采用 post 和 get 方法提交表单信息后浏览器地址栏的变化。

- 以 post 方式提交表单,在"名字"和"密码"标签后分别输入用户名 lucker 和密码 123456,单击"提交"按钮,页面效果如图 3.10 所示。

图 3.10 以 post 方式提交表单

注意地址栏中的 URL 信息没有发生变化,这就是以 post 方式提交表单的特点。

- 以 get 方式提交表单,在页面中单击"提交"按钮,页面效果如图 3.11 所示。

图 3.11 以 get 方式提交表单

采用 get 方式提交表单信息之后,在浏览器的地址栏中,URL 信息会发生变化。仔细观察不难发现,URL 信息中清晰地显示出表单提交的数据内容,即刚刚输入的用户名和密码都完全显示在地址栏中,清晰可见。

通过对比图 3.10 和图 3.11 的效果,可以发现两种提交方式之间的区别如下。

(1) post 提交方式不会改变地址栏状态,表单数据不会被显示。

(2) 使用 get 提交方式,地址栏状态会发生变化,表单数据会在 URL 信息中显示。

所以,基于以上两点区别,post 方式提交的数据安全性要明显高于 get 方式。在日常网页开发中,建议大家尽可能地采用 post 方式来提交表单数据。

2.2   表单元素

在图 3.8 中,可以看到实现用户注册时,需要输入很多注册的信息,而装载这些数据的控件,就称为表单元素。有了这些表单元素,表单才会有意义。那么如何在表单中添加表单元素呢?其实添加方法很简单,就是使用\<input>标签,如示例 5 中就使用了\<input>标签实现向表单添加文本输入框、提交按钮、重置按钮的功能。

\<input>标签中有很多属性,下面对一些比较常用的属性进行整理,如表 3-2 所示。

表 3-2　　<input>元素的属性

属性	说明
type	此属性指定表单元素的类型。可用的选项有 text、password、checkbox、radio、submit、reset、file、hidden、image 和 button，默认选择为 text
name	此属性指定表单元素的名称。例如，如果表单上有几个文本框，可以按名称来标识它们，如 text1、text2 等
value	此属性是可选属性，它指定表单元素的初始值。但如果 type 为 radio，则必须指定一个值
size	此属性指定表单元素的初始宽度。如果 type 为 text 或 password，则表单元素的大小以字符为单位。对于其他输入类型，宽度以像素为单位
maxlength	此属性用于指定可在 text 或 password 元素中输入的最大字符数，默认值为无限大
checked	指定按钮是否是被选中的。当输入类型为 radio 或 checkbox 时，使用此属性

到目前为止，大家已经知道了如何在页面中添加表单，也掌握了如何向表单添加表单元素，那么这些表单元素该如何使用呢？下面选取几个常用的表单元素来逐一学习其类型及常用的属性，代码如示例 6 所示。

2.2.1　文本框

在表单中最常用、最常见的表单输入元素就是文本框（text），它用于输入单行文本信息，如用户名的输入框。若要在文档的表单里创建一个文本框，将表单元素 type 属性设置为 text 就可以了，代码如示例 6 所示。

⊃示例 6

```
<form method="post" action="">
<p>名    字：
    <input type="text" name="fname">
</p>
<p>姓    氏：
    <input name="lname" value="张" type="text">
</p>
<p>登录名:
    <input name="sname" type="text" size="30">
</p>
</form>
```

在示例 6 的代码中还分别使用 size 属性和 value 属性对登录名的长度及姓氏的默认值进行了设置，在浏览器中查看示例 6 的页面效果，如图 3.12 所示。

在文本框控件中输入数据时，还可以使用 maxlength 属性指定输入的数据长度。例如，登录名的长度不得超过 20 个字符，代码如下。

```
<p>登录名:
    <input  name="sname"  type="text"  size="30" maxlength="20">
</p>
```

上面代码的设置结果是：文本框显示的长度为 30，而允许输入的最多字符个数为 20。

图 3.12　文本框的效果

对于 size 属性和 maxlength 属性一定要能够严格地进行区分，size 属性用于指定文本框的长度，而 maxlength 属性用于指定文本框输入的数据长度，这就是二者的区别。

2.2.2　密码框

在一些特殊情况下，用户希望输入的数据被处理，以免被他人得到，如密码。这时使用文本框就无法满足要求，需要使用密码框来完成。

密码框与文本框类似，区别在于需要设置文本框控件的 type 属性为 password。设置了 type 属性后，在密码框输入的字符全都以黑色实心的圆点来显示，从而实现了对数据的处理，密码框设置代码如示例 7 所示。

⊃ 示例 7

```
<form   method="post" action="">
<p>用户名：<input name="name" type="text" size="21"></p>
<p>密   码：
<input name="pass"　type="password" size="22">
</p>
</form>
```

运行示例 7 的代码，在页面中输入密码 123456，页面显示效果如图 3.13 所示。

图 3.13　密码框的效果

 　密码框仅仅使周围的人看不见输入的符号，它不能保证输入的数据安全。为了使数据安全，应该加强人为管理，采用数据加密技术等。

2.2.3　单选按钮

单选按钮控件用于一组相互排斥的值，组中的每个单选按钮控件应具有相同的名称，用户一次只能选择一个选项。只有从组中选定的单选按钮才会在提交的数据中提交对应的数值，在使用单选按钮时，需要一个显式的 value 属性，代码如示例 8 所示。

⊃示例 8

```
<form method="post" action="">
性别：
<input name="gen" type="radio" class="input" value="男">男 
<input name="gen" type="radio" value="女" class="input">女
</form>
```

运行示例 8 的代码，在浏览器中预览效果，如图 3.14 所示。

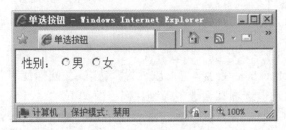

图 3.14　单选按钮的效果

如果希望在页面加载时单选按钮有一个默认的选项，那么可以使用 checked 属性。例如，性别选项默认选中为 "男"，则修改代码如下。

```
<input name="gen" type="radio" class="input" value="男"  checked="checked">男
```

此时，再次运行示例 8，则页面效果如图 3.15 所示。

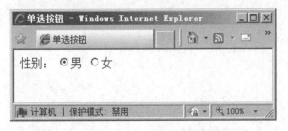

图 3.15　使用 checked 属性设置默认选项

2.2.4　复选框

复选框与单选按钮有些类似，只不过复选框允许用户选择多个选项。复选框的类型是 checkbox，即将表单元素的 type 属性设置为 checkbox 就可以创建一个复选框。复选框的命名与单选按钮有些区别，既可以多个复选框选用相同的名称，也可以各自具有不同的名称，关键是如何使用复选框。用户可以选中某个复选框，也可以取消选中。一旦用户选中了某个复选框，在表单提交时，会将该复选框的 name 值和对应的 value 值一起提交。复选框设置代码如示例 9 所示。

●示例9

```
<form method="post" action="">
爱好：
<input type="checkbox" name="interest" value="sports">运动
<input type="checkbox" name="interest" value="talk">聊天
<input type="checkbox" name="interest" value="play">玩游戏
</form>
```

示例 9 在浏览器中的预览效果如图 3.16 所示。

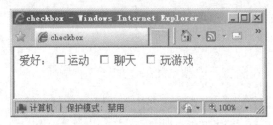

图 3.16　复选框的效果

与单选按钮一样，checkbox 复选框也可以设置默认选项，同样使用 checked 属性进行设置。例如，将爱好中的"运动"选项默认选中，则代码修改如下。

```
<input type="checkbox" name="interest" value="sports" checked="checked">运动
```

运行效果如图 3.17 所示。

图 3.17　设置默认选中的复选框

2.2.5　列表框

列表框主要是为了使用户快速、方便、正确地选择一些选项，并且节省页面空间，它是通过<select>标签和<option>标签来实现的。<select>标签用于显示可供用户选择的下拉列表，每个选项由一个<option>标签表示，<select>标签必须包含至少一个<option>标签。它的语法如下。

```
<select name="指定列表名称" size="行数">
<option value="可选项的值" selected="selected">……</option>
<option value="可选项的值">……</option>
</select>
```

其中，在有多条选项可供用户滚动查看时，size 确定列表中可同时看到的行数；selected 表示该选项在默认情况下是被选中的，而且一个列表框中只能有一个列表项默认被选中，如同单选按钮组那样。下面通过示例 10 来说明列表框的设置，其代码如下。

◯ 示例 10

```
<form method="post" action="">
出生日期:
<input name="byear" value="yyyy" size="4" maxlength="4"> 年
<select name="bmon">
<option value="">[选择月份]</option>
<option value="1">一月</option>
<option value="2">二月</option>
<option value="3">三月</option>
<option value="4">四月</option>
<option value="5">五月</option>
<option value="6">六月</option>
<option value="7">七月</option>
<option value="8">八月</option>
<option value="9">九月</option>
<option value="10">十月</option>
<option value="11">十一月</option>
<option value="12">十二月</option>
</select>月 
<input name="bday" value="dd" size="2" maxlength="2" >日
</form>
```

示例 10 在浏览器中的预览效果如图 3.18 所示。

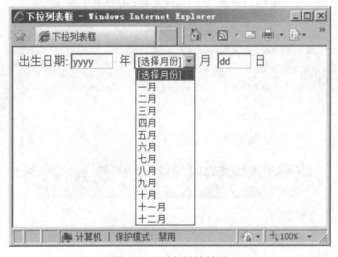

图 3.18　列表框的效果

下拉列表框中添加的 option 选项会按照顺序进行排列，但是如果希望其中某个选项默认显示，就需要使用 selected 属性来进行设置。例如，让月份默认显示十月，则相应代码修改如下。

```
<option value="10" selected="selected">十月</option>
```

设置了 selected 属性后，则下拉列表会默认显示十月，如图 3.19 所示。

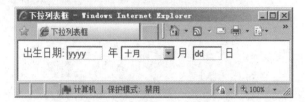

图 3.19　设置下拉列表的默认显示

2.2.6　按钮

按钮在表单中经常用到，在 HTML 中按钮分为 3 种，分别是普通按钮（button）、提交按钮（submit）和重置按钮（reset）。普通按钮主要用来响应 onclick 事件，提交按钮用来提交表单信息，重置按钮用来清除表单中的已填信息。它的语法如下。

```
<input type="reset" name="Reset" value=" 重填 ">
```

其中，type="button"表示是普通按钮；type="submit"表示是提交按钮；type="reset"表示是重置按钮。name 用来给按钮命名，value 用来设置显示在按钮上的文字，按钮设置代码如示例 11 所示。

⊃示例 11

```
<form method="post" action="">
<p>用户名：<input name="name" type="text"></P>
<p>密    码：
<input name="pass" type="password">
</p>
<p>
<input type="reset" name="butReset" value="reset 按钮">
<input type="submit" name="butSubmit" value="submit 按钮">
<input type="button" name="butButton" value="button 按钮"
        onclick="alert(this.value)">
</p>
</form>
```

示例 11 在浏览器中的预览效果如图 3.20 所示。

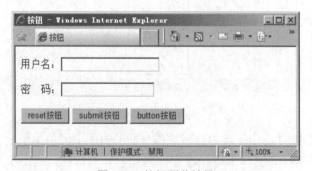

图 3.20　按钮预览效果

示例 11 中的按钮的作用各不相同，其区别如下。

（1）reset 按钮：用户单击该按钮后，不论表单中是否已经填写或输入数据，表单中各个表单元素都会被重置到最初状态，而填写或输入的数据将被清空。

（2）submit 按钮：用户单击该按钮后，表单将会提交到 action 属性所指定的 URL，并传递表单数据。

（3）button 按钮：属于普通的按钮，需要与事件关联使用。在示例 11 的代码中，为普通按钮添加了一个 onclick 事件，当用户单击该按钮时，将会显示该按钮的 value 值，页面效果如图 3.21 所示。

图 3.21　普通按钮的 onclick 事件

有时候在页面中使用按钮，显示的样式会不美观，所以在实际开发过程中，往往会使用图片按钮来代替，如图 3.22 所示。

图 3.22　图片按钮的效果

实现图片按钮的效果有多种方法，比较简单的方法就是配合使用"type"和"src"属性，如下所示。

```
<input    type="image"    src="images/login.gif" />
```

需要注意：这种方式实现的图片按钮比较特殊，虽然"type"属性没有设置为"submit"，但仍然具备提交功能。

2.2.7　多行文本域

当需要在网页中输入两行或两行以上的文本时怎么办？显然，前面学过的文本框及其他表单元素都不能满足要求，这就应该使用多行文本框，它使用的标签是<textarea>。它的语法如下。

```
<textarea  name="textarea"  cols="显示的列的宽度"  rows="显示的行数">
文本内容
</textarea>
```

其中，cols 属性用来指定多行文本框的列的宽度；rows 属性用来指定多行文本框的行数。在<textarea>……</textarea>标签对中不能使用 value 属性来赋初始值。多行文本框设置代码如示例 12 所示。

⊃示例 12

```
<form method="post" action="">
<H4>填写个人评价</H4>
<P>
<textarea  name="textarea"  cols="40"  rows="6">
自信、活泼、善于思考...
</textarea>
</P>
</form>
```

示例 12 在浏览器中的预览效果如图 3.23 所示。

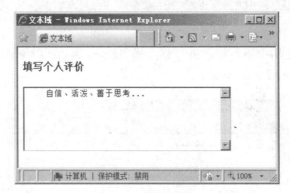

图 3.23　多行文本框效果

2.2.8　文件域

文件域的作用是实现文件的选择，在应用时只需把 type 属性设为"file"即可。在实际应用中，文件域通常应用于文件上传的操作，如选择需要上传的文本、图片等，其代码如示例 13 所示。

⊃示例 13

```
<form action="" method="post" enctype="multipart/form-data">
<p><input type="file" name="files" /><br/>
<input type="submit" name="upload" value="上传" /></p>
</form>
```

运行示例 13 的代码，在浏览器中预览效果，如图 3.24 所示。文件域会创建一个不能输入内容的地址文本框和一个"浏览"按钮。单击"浏览"按钮，弹出"选择要加载的文件"窗口，选择文件后，路径将显示在地址文本框中，执行的效果如图 3.25 所示。

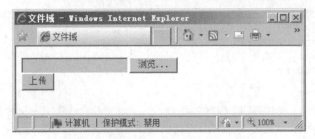

图 3.24　文件域

图 3.25　文件域与上传操作

　　在使用文件域时，需要特别注意包含文件域的表单，由于提交的表单数据包括普通的表单数据、文件数据等多部分内容，所以必须设置表单的"enctype"编码属性为"multipart/form-data"，表示将表单数据分为多部分提交。这部分的内容，在后续课程中会有详细的介绍。

操作案例 2：制作人人网注册页面

需求描述

制作人人网注册页面，要求如下。

● 　注册邮箱、密码、姓名和验证码最多能容纳的字符数分别是 50、16、8 和 5。

● 　默认情况下，性别中的"男"处于选中状态。

● 　生日下拉列表中的 1991 年 10 月 30 日处于默认显示状态。

● 　提交按钮使用素材中提供的图片代替。

完成效果

运行网页，效果如图 3.26 所示。

Chapter
3

图 3.26   人人网注册页面

技能要点

● 　表单元素。

2.3　表单的高级应用

2.3.1　设置表单的隐藏域

　　网站服务器端发送到客户端（用户计算机）的信息，除了用户直观看到的页面内容外，可能还包含一些"隐藏"信息。例如，用户登录后的用户名、用于区别不同用户的用户 ID 等。这些信息对于用户可能没用，但对网站服务器有用，所以一般"隐藏"起来，而不在页面中显示。

　　将"type"属性设置为"hidden"隐藏类型即可创建一个隐藏域。例如，在登录页中使用隐藏域保存用户的 userid 信息，代码如示例 14 所示。

●示例 14

```
<form action="" method="get">
<P>用户名：<input name="name" type="text"></P>
<P>密    码：<input name="pass" type="password">
</P>
<p><input type="submit" value="提交"></p>
//将隐藏域的 name 属性命名为 userid，而 value 属性的值就对应为用户的 userid
<p><input type="hidden" value="666" name="userid"></p>
</form>
```

页面显示的结果如图 3.27 所示。

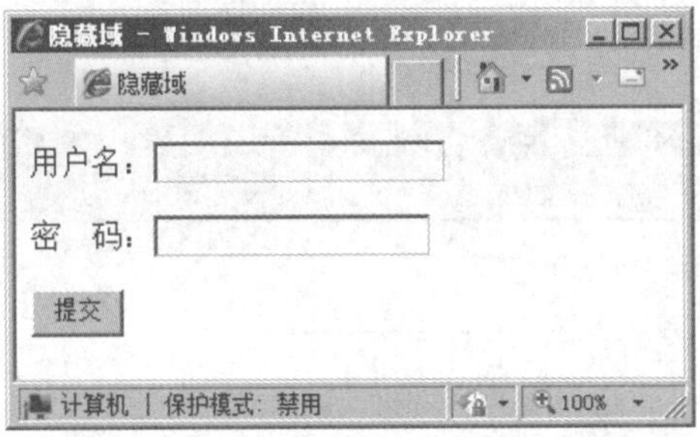

图 3.27　隐藏域并不显示在页面中

在图 3.27 中无法看到隐藏域的存在,但通过查看页面源代码是可以看到的。为了验证隐藏域中的数据能够随表单一同提交,将表单的提交方式改为 get 方式,点击提交按钮,就可以从地址栏中查看到隐藏域的数据,如图 3.28 所示。

图 3.28　使用隐藏域传递数据

2.3.2　表单的只读与禁用设置

在某些情况下,需要对表单元素进行限制,即设置表单元素为只读或禁用。它们常见的应用场景如下。

- 只读场景:网站服务器方不希望用户修改的数据,这些数据在表单元素中显示。例如,注册或交易协议、商品价格等。
- 禁用场景:只有满足某个条件后,才能选用某项功能。例如,只有用户同意注册协议后,才允许单击"注册"按钮;播放器控件在播放状态时,不能再单击"播放"按钮等。

只读和禁用效果分别通过设置"readonly"和"disabled"属性来实现。例如,要实现对文本框只读、对按钮的禁用效果,如图 3.28 所示,对应的 HTML 代码如示例 15 所示。

⟳示例 15

```
<form action="" method="get">
<P>用户名: <input name="name" type="text" value="张三" readonly="readonly">
</P>
<P>密    码: <input name="pass" type="password">
</P>
```

```
<p><input type="submit" value="修改" disabled="disabled"></p>
</form>
```

运行示例 15 的代码,在浏览器中的预览效果如图 3.29 所示。

图 3.29　设置只读和禁用属性

在图 3.29 中用户名采用了默认设置的方式,且无法进行修改。而提交按钮则采用了禁用的设置,所以按钮呈浅色显示,表示无法使用。

通常只读属性用于不希望用户对数据进行修改的场合,而禁用则可以配合其他控件使用。最常见的就是在安装程序时,如果用户不选中"同意安装许可协议"的复选框,"安装"或"下一步"按钮则无法使用。

2.4　表单语义化

2.4.1　关于语义化

随着互联网技术的发展,尤其是网络搜索应用的普及,设计并制作符合 W3C 标准的网页已经被越来越多的网页制作人员所遵循。即便如此,在实现某种表现的过程中,依然有多种结构和标签可以进行选择,此时语义化的标签就显得格外重要,因为它更容易被浏览器所识别。

那么该如何理解什么是语义化呢?语义化其实没有一个非常明确的概念或者定义,但是语义化的目的就是要达到结构合理、代码简洁的要求。

下面分别看一下未使用语义化的标签和使用语义化的标签在应用中的区别。首先完成一个简单的案例,代码如示例 16 所示。

ↄ示例 16

```
<table>
<tr>
<td>姓名</td>
<td>职务</td>
</tr>
<tr>
<td>张三</td>
<td>技术员</td>
</tr>
</table>
```

运行效果如图 3.30 所示。

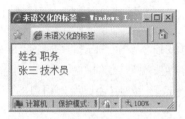

图 3.30　未使用语义化的标签

也许你会说："这有什么不好？"那么再使用语义化的标签进行代码修改，如示例 17 所示。

⊃示例 17

```
<table width="170">
    <caption>岗位信息表</caption>
<thead>
<tr>
<th>姓名</th>
<th>职务</th>
</tr>
</thead>
<tbody>
<tr>
<td align="center">张三</td>
<td align="center">技术员</td>
</tr>
</tbody>
</table>
```

运行示例 17 的代码，页面在浏览器中的效果如图 3.31 所示。

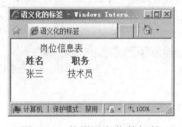

图 3.31　使用语义化的标签

对比示例 16 和示例 17 的代码，以及图 3.30 和图 3.31 所示的效果可以发现，示例 17 的代码及页面效果更符合表现的需要，同时也符合 W3C 的标准。

2.4.2　语义化的表单

（1）域

在表单中，可以使用<fieldset>标签实现域的定义。什么是域呢？简单地说就是将一组表单元素放到<fieldset>标签内时，浏览器就会以特殊方式来显示它们，这些表单元素可能有特殊的边界、效果。使用<fieldset>标签后，该标签会将表单内容进行整合，从而生成一组与表单相关的字段。

（2）域标题

所谓域标题就是给创建的域设置一个标题。设置域标题需要使用一个新的标签，即<legend>标签，在该标签内的内容被视为域的标题。

通常将<fieldset>标签与<legend>标签结合使用，简单的应用代码如示例 18 所示。

⊃示例 18

```
<form>
    <fieldset>
    <legend>用户信息</legend>
    姓名：<input type="text"/>
    年龄：<input type="text"/><br>
    手机：<input type="text"/>
    邮箱：<input type="text"/><br>
</fieldset>
</form>
```

运行示例 18 的代码，在浏览器中预览的效果如图 3.32 所示。

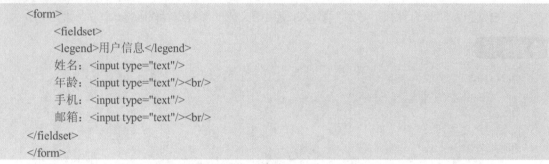

图 3.32　IE 8 浏览器显示语义化的表单

需要在这里说明的是，如果采用其他版本的 IE 浏览器，或者其他类型的浏览器，则图 3.32 所示的效果会略有区别，如在火狐浏览器下显示的效果如图 3.33 所示。这种区别并不是代码上的问题，也不是语义化的问题，而仅仅是浏览器自身的问题。

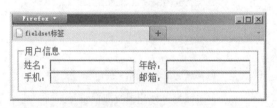

图 3.33　火狐浏览器显示语义化的表单

2.4.3　表单元素的标注

对表单元素进行标注，这样做的目的就是为了增强鼠标的可用性。这是因为使用表单元素进行标注时，在客户端呈现的效果不会有任何特殊的改进。但是如果当用户使用鼠标单击标注的文本内容时，浏览器会自动将焦点转移到与该标注相关的表单元素上。为表单元素进行标注时，需要使用<label>标签，该标签的语法如下。

```
<label for="表单元素的 id">标注的文本</label>
```

在<label>标签中，使用了 for 属性来指定当鼠标单击标注文本时，焦点对应的表单元素。下面通过示例 19 进行说明。

⊃示例 19

```
<form>
    请选择性别：
<label for="male">男</label>
<input type="radio" name="gender" id="male"/>
<label for="female">女</label>
<input type="radio" name="gender" id="female"/>
</form>
```

示例 19 的代码，对于表单元素而言，其 name 属性与 id 属性都是必需的。name 属性由表单负责处理，而 id 属性是给<label>标签和表单元素进行关联使用的。

运行示例 19 的代码，在浏览器中预览的页面效果如图 3.34 所示。

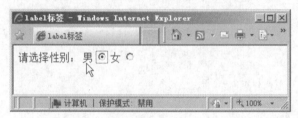

图 3.34　使用<label>标签进行标注

在图 3.34 中，用户在选择性别时，可以不用单击单选按钮，可以用鼠标直接单击与单选按钮对应的文本。例如，在本例中，鼠标单击文本"男"时，性别男对应的单选按钮被自动选中。

讲解了这么多语义化的内容，下面就对语义化的内容进行梳理。

- 语义化的目标是使页面结构更加合理。
- 建议在设计和开发过程中，使用语义化的标签，从而达到见名知义的作用。
- 语义化的结构更加符合 Web 标准，更利于当今搜索引擎的抓取（SEO 的优化）和开发维护。

3　CSS 高级选择器

在前面介绍过 CSS 的基本语法、CSS 的选择器，以及如何在网页中引用 CSS 样式，最后还介绍了样式的优先级，其实这些只是 CSS 应用中的一部分。下面介绍 CSS 在网页中的一些高级应用，即 CSS 复合选择器和 CSS 的继承特性。

3.1　CSS 复合选择器

CSS 复合选择器是以标签选择器、类选择器、ID 选择器这 3 种基本选择器为基础，通过不同方式将两个或多个选择器组合在一起而形成的选择器。这些复合而成的选择器,能实现更强、更方便的选择功能。布局和实现页面的精美效果时,通常会应用这些复合选择器。复合选择器分为后代选择器、交集选择器和并集选择器。

3.1.1 后代选择器

在 HTML 中经常有标签的嵌套使用,那么在 CSS 选择器中,也可以通过嵌套的方式,对特殊位置的 HTML 标签进行声明。例如,当<h3>……</h3>标签之间包含<strong>……</strong>标签时,就可以使用后代选择器来控制相应的内容。

后代选择器的写法就是把外层的标签写在前面,内层的标签写在后面,它们之间用空格分隔。当标签发生嵌套时,内层的标签就成为外层标签的后代。在一段文字中,通过后代选择器改变最内层标签中的文本颜色和字体大小,如示例 20 所示。

⊃示例 20

```
<!DOCTYPE html>
<html>
<head lang="en">
<meta charset="UTF-8">
<title>后代选择器</title>
<style type="text/css">
h3 strong{color:blue; font-size:36px;}
strong{color:red; font-size:16px;}
</style>
</head>
<body>
<strong>问君能有几多愁,</strong>
<h3>恰似一江<strong>春水</strong>向东流。</h3>
</body>
</html>
```

从代码中可以看到,<h3>是外层标签,<strong>是内层标签。通过将 strong 选择器嵌套在 h3 选择器中进行声明,显示效果只适用于<h3>和</h3>之间的<strong>标签,而其外的<strong>标签只显示对应的 strong 标签选择器的效果。

在浏览器中打开页面,效果如图 3.35 所示,第一行<strong>标签中的文本字体颜色为红色,字体大小为 16px;显然第二行<strong>标签中的文本"春水"按照后代选择器的规则显示预期效果,字体颜色为蓝色,字体大小为 36px。

图 3.35　后代选择器页面效果图

后代选择器在 CSS 中很常用，通常用于 HTML 标签嵌套时，常用情况如下。

- 按标签的嵌套关系，如本例中<h3>标签嵌套<strong>，直接按标签的嵌套关系编写样式。
- 按选择器的嵌套关系，当最外层的类选择器名称为 head，它里面嵌套类选择器、ID 选择器，这时直接按样式的嵌套关系编写，如.head .menu 或.head #menu。
- 3 种选择互相嵌套关系，当最外层 ID 选择器名称为 nav，它里面嵌套类选择器和标签选择器，如#nav .title 或#nav li。

3.1.2　交集选择器

交集选择器是由两个选择器直接连接构成，其结果是选中二者各自元素范围的交集。其中第一个必须是标签选择器，第二个必须是类选择器或者 ID 选择器。这两个选择器之间不能有空格，必须连续书写。

这种方式构成的选择器，将选中同时满足前后两者定义的元素，也就是前者所定义的标签类型，并且制定了后者的类型或者 id 的元素，因此被称为交集选择器。

现在看一个交集选择器的例子。以欧阳修的词《蝶恋花·庭院深深深几许》为例，词的所有内容写在<p>标签内，其中一句词写在<p>标签的嵌套标签<strong>中，两个标签均加上类样式 txt；两个类样式 txt 分别是后代选择器和交集选择器，代码如示例 21 所示。

⊃示例 21

```
<!DOCTYPE html>
<html>
<head lang="en">
<meta charset="UTF-8">
<title>交集选择器</title>
<style type="text/css">
p .txt{color:red;}          /*后代选择器*/
p .txt{color:blue;line-height:28px;}          /*交集选择器*/
</style>
</head>                     行距样式
<body>
<h2>蝶恋花&#8226;庭院深深深几许</h2>
<p class="txt">庭院深深深几许，杨柳堆烟，帘幕无重数。玉勒雕鞍游冶处，楼高不见章台路。
<strong class="txt">雨横风狂三月暮，门掩黄昏，无计留春住。</strong>泪眼问花花不语，乱红飞过秋千去。</p>
</body>
</html>
```

在浏览器中打开页面效果如图 3.36 所示，<p>标签应用了 txt 样式表示是交集选择器，其中的文本为蓝色字体；而<strong>标签是在<p>标签中嵌套，因此符合后代选择器的规则，因此它的字体显示红色。

交集选择器在实际开发中应用并不广泛，通常在列表中突出某部分内容时使用，并且这种方式并不是唯一的方法，所以实际网页制作中并不常用，这里不做详细介绍。

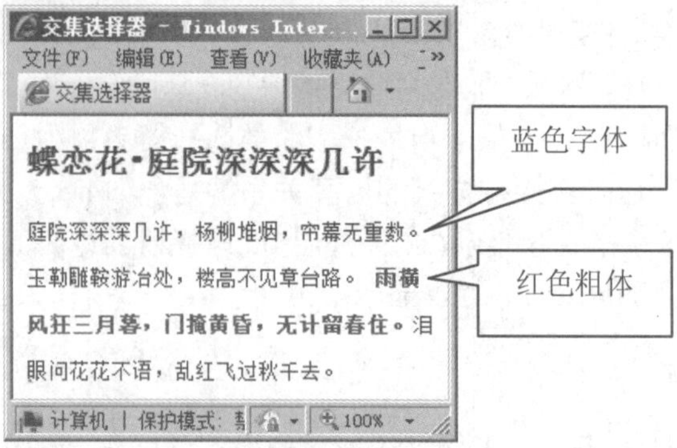

图 3.36　交集选择器效果图

3.1.3　并集选择器

与交集选择器相对应，还有一种并集选择器，它的结果是同时选中各个基本选择器所选择的范围。任何形式的选择器（包括标签选择器、类选择器、ID 选择器等）都可以作为并集选择器的一部分。

并集选择器是多个选择器通过逗号连接而成的，在声明各种 CSS 选择器时，如果某些选择器的风格是完全相同的，或者部分相同，这时便可以利用并集选择器同时声明风格相同的 CSS 选择器。

同样以欧阳修的词《蝶恋花·庭院深深深几许》为例，把诗词的每句放在不同的标签中，然后这些标签设置相同的样式，代码如示例 22 所示。

○示例 22

```
<!DOCTYPE html>
<html>
<head lang="en">
<meta charset="UTF-8">
<title>并集选择器</title>
<style type="text/css">
h3,.first,.second,#end{font-size:16px;color:green;
font-weight:normal;}
</style>
</head>
<body>
<h2>蝶恋花&#8226;庭院深深深几许</h2>
<h3>庭院深深深几许，杨柳堆烟，帘幕无重数。</h3>
<p class="first">玉勒雕鞍游冶处，楼高不见章台路。</p>
<p class="second">雨横风狂三月暮，门掩黄昏，无计留春住。</p>
<p id="end">泪眼问花花不语，乱红飞过秋千去。</p>
</body>
</html>
```

字体正常显示

从代码中可以看出，第一句放在<h3>标签中，其他三句均放在<p>标签中，但是分别引用不同的类选择器和 ID 选择器。在浏览器中打开的页面效果如图 3.37 所示，四句诗词显示的颜色和样式均一样，这是因为所有选择器设置的 CSS 样式都是一样的，这种集体声明的并集选择器与分开一个一个声明选择器的效果是一样的。

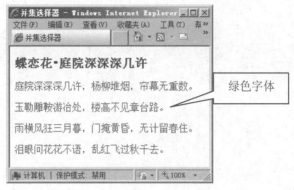

图 3.37　并集选择器效果图

在实际应用中，并集选择器经常会用在对页面中所有标签进行全局设置样式上。例如，CSS 文件一开始设置页面标签的全局样式，当页面中<p>、<li>、<dt>、<dd>等标签内的文本字体大小、行距一样，这时使用并集选择器集体设置这些标签内容一样的样式，就非常方便了。这一点在后面的章节会经常应用到。

掌握了以上 3 种 CSS 样式的编写方法，在以后编写 CSS 代码时，根据需要编辑不同的选择器以符合页面的需求，对 CSS 代码进行优化，对 CSS 代码"减肥"，加速客户端页面下载速度并提高用户体验。

3.2　CSS 继承特性

在这里对后代选择器的应用再进一步做一些讲解，因为它将会贯穿在所有的设计中。

这里首先介绍继承（inheritance）的概念。在 CSS 语言中继承的概念并不复杂，简单地说就是将各个 HTML 标签看作一个个容器，其中被包含的小容器会继承包含它的大容器的风格样式，也称包含与被包含的标签为父子关系，即子标签会继承父标签的风格样式，这就是 CSS 中的继承，下面详细讲解 CSS 的继承。

3.2.1　继承关系

所有的 CSS 语句都是居于各个标签之间的继承关系的，为了更好地理解继承关系，首先从 HTML 文件的组织结构入手，如示例 23 所示。

⊃示例 23

```
<!DOCTYPE html>
<html>
<head lang="en">
<meta charset="UTF-8">
<title>继承的应用</title>
</head>
```

```
<body>
<h1>在线学习平台</h1>
<p>欢迎来到在线学习平台，这里将为您提供丰富的学习内容。</p>
<ul>
<li>网页制作
<ul>
<li>使用 Dreamweaver 制作网页</li>
<li>使用 CSS 布局和美化网页
<ul>
<li>CSS 初级</li>
<li>CSS 中级</li>
<li>CSS 高级</li>
</ul>
</li>
<li>使用 JavaScript 制作网页特效</li>
</ul>
</li>
</li>
<li>平面设计
<ol>
<li>美术基础</li>
<li>使用 Photoshop 处理图形图像</li>
<li>使用 Illustrator 设计图形</li>
<li>制作 Flash 动画</li>
</ol>
</li>
</ul>
<p>如果您有任何问题，欢迎给我们留言。</p>
</body>
</html>
```

在浏览器中打开的页面效果如图 3.38 所示，可以看到这个页面中，标题使用了标题标签，后面使用了列表结构，其中最深的部分使用了 3 级列表。

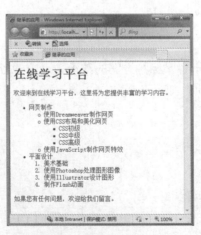

图 3.38　继承关系效果图

这里着重从"继承"的角度来考虑各个标签之间的"树"型关系，如图 3.39 所示。在这个树型关系中，处于最上端的<html>标签称为"根"（root），它是所有标签的源头，往下层包含。在每个分支中，称上层标签为其下层标签的"父"标签；相应地，下层标签称为上层标签的"子"标签。例如，<ul>标签是<body>标签的子标签，同时它也是<li>标签的父标签。

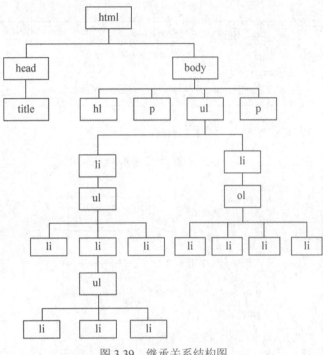

图 3.39 继承关系结构图

3.2.2 继承的应用

通过前面的讲解，已经对各个标签之间的父子关系有了认识，下面进一步讲解 CSS 继承的运用。CSS 继承指的是子标签的所有样式风格，可以在父标签样式风格的基础上再加以修改，产生新的样式，而子标签的样式风格完全不会影响父标签。

例如，在示例 23 加入继承关系的 CSS 代码，设置所有列表的字体大小为 12px，字体颜色为蓝色；列表"使用 CSS 布局和美化网页"下一级列表字体颜色为红色；"平面设计"下一级列表字体颜色为绿色，代码如示例 24 所示。

⊃ 示例 24

```
……
<style type="text/css">
li {
     color:blue;
     font-size:12px;
}
ul li ul li ul li{color:red;}
ul li ol li{color:green;}
```

```
</style>
......
```

在浏览器中打开的页面效果如图 3.40 所示，"CSS 初级"等 3 个列表字体颜色为红色，"美术基础"等 4 个列表字体颜色为绿色。从这个例子中，充分体现了标签继承和 CSS 样式继承的关系。

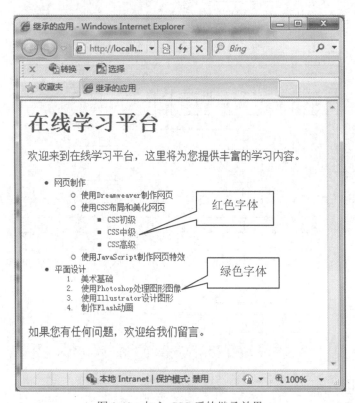

图 3.40　加入 CSS 后的继承效果

以上讲解完了 CSS 的几种复合选择器和继承特性，在以后的学习中，大家要通过各种练习对所学的知识进行巩固和应用。

操作案例 3：制作开心餐厅介绍页面

需求描述

使用学习过的标签、样式制作开心餐厅介绍页面，具体要求如下。
- 所有的图片放在段落标签中。
- 所有的标题放在<h2>标签中。
- 所有段落标签中的文本字体大小为 12px，标题字体大小为 18px，颜色为红色。
- 第一段文本字体颜色为绿色；第二段中第一个标题字体大小为 24px，字体颜色为绿色；最后一段文本字体颜色为蓝色。
- CSS 样式体现出复合选择器的应用。
- 分别使用行内样式、内部样式表和外部样式表的形式制作本页面，使用链接方式引用外部样式表。

完成效果

运行网页，完成效果如图 3.41。

图 3.41　开心餐厅介绍页面效果图

技能要点

- 标签的使用。
- CSS 复合选择器的使用。

本章总结

- 表格的基本用法，以及在网页中的应用场景。
- 常用的表单元素有文本框、密码框、单选按钮、复选框、列表框、按钮、多行文本域。
- 使用<label>标签的 for 属性与表单元素的 id 属性相结合控制单击该标签时，对应的表单元素自动获得焦点或者被选中。
- 使用 CSS 的高级选择器美化网页元素。

本章作业

1. 表格的跨行、跨列分别使用什么属性？要实现一个跨 3 行 2 列的单元格需要哪几个步骤？

2. <label>标签的 for 属性表示什么？

3. 请用 HTML 实现如图 3.42 所示的申请表表单。相关要求如下。

- 教育程度：默认选中硕士。
- 国籍：有美国、澳大利亚、日本、新加坡，默认选中澳大利亚。

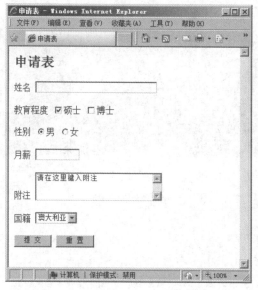

图 3.42　申请表表单

4．请用 HTML 实现如图 3.43 所示的电子产品调查表表单。相关要求如下。

- 请输入您的购买日期：月份下拉选项为 1～12 月，日下拉选项为 1～31 日。
- 您是否查看过我们的在线产品目录：默认选中"是"。

图 3.43　电子产品调查表表单

5．请登录课工场，按要求完成预习作业。

第 4 章

盒子模型

本章技能目标

- 会使用盒子属性美化网页元素
- 理解标准文档流及其组成和特点
- 会使用 display 属性设置元素显示方式

本章简介

大家在上网时，从网页中有时看不出盒子模型在页面中的应用，但是经过本章的学习，掌握了盒子模型的概念及用法，再看网上的页面时，会惊奇地发现，盒子模型在网页上的应用无处不在。

盒子模型是 CSS 控制页面的一个很重要的概念。只要用到 DIV 布局页面，那么必然会用到盒子模型的知识。所以掌握了盒子模型的属性及用法，才能真正地控制好页面中的各个元素。

本章主要介绍盒子模型的基本概念，盒子模型的边框、内边距和外边距，以及它们在网页中的实际应用，最后介绍标准文档流和 display 属性在网页中的用法。相信学完本章以后，大家在网页制作的水平上会有一个很大的提升。

1　盒子模型

　　盒子模型是网页制作中的一个重要的知识点。在使用 DIV+CSS 制作网页的过程中，无时无刻不在应用着盒子模型。那么什么是盒子模型呢？

1.1　什么是盒子模型

　　盒子的概念在生活中随处可见。例如，图 4.1 所示的化妆品包装盒，化妆品是最终运输的物品，四周一般会添加用于抗震的填充材料，填充材料的外层是包装用的纸壳。

图 4.1　生活中的盒子模型

　　CSS 中盒子模型的概念与此类似，CSS 将网页中的所有元素都看成一个个盒子。例如，图 4.2 所示网页中显示的一幅图片，它被放在一个<div>中，<div>设置了一个背景色和一个虚边线，里面的图片与<div>的边沿有一定的距离，并且<div>与浏览器的边沿也有一定的距离，这些距离与<div>、图片就构成了一个网页中的盒子模型结构。也就是说，<div>虚线、<div>与浏览器的距离和<div>与图片的距离就是由盒子模型的属性形成的。盒子模型属性有边框、内边距和外边距。

图 4.2　网页中的盒子模型

- 边框（border）：对应包装盒的纸壳，它一般具有一定的厚度；对应图 4.2 的网页就是 <div>的虚边线。
- 内边距（padding）：位于边框内部，是内容与边框的距离，即对应包装盒的填充部分，所以也称为"填充"；对应图 4.2 的网页就是图片与<div>边线的距离。
- 外边距（margin）：位于边框外部，边框外面周围的间隙，所以也称为"边界"；对应图 4.2 的网页就是<div>与浏览器之间的距离。

盒子模型除了边框、内边距、外边距之外，还应包括元素内容本身，所以完整的盒子模型平面结构图如图 4.3 所示。

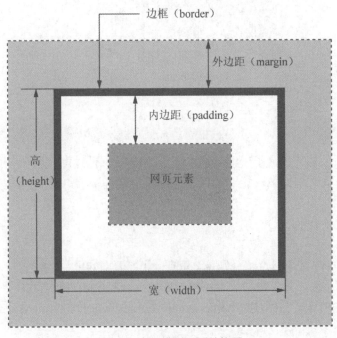

图 4.3　盒子模型平面结构图

 　　因为盒子是矩形结构，所以边框、内边距、外边距这些属性都分别对应上（top）、下（bottom）、左（left）、右（right）4 条边，这 4 条边的设置可以不同。

盒子模型除平面结构图外，还包括三维的立体结构图，如图 4.4 所示。从上往下看，它表示的层次关系依次如下。

- 首先是盒子的主要标识：边框（border），位于盒子第一层。
- 其次是元素内容（content）、内边距（padding），两者同位于第二层。
- 再次是前面着重讲解的背景图（background-image），位于第三层。
- 背景色（background-color）位于第四层。
- 最后是整个盒子的外边距（margin）。

在网页中看到的页面内容，都是盒子模型的三维立体结构多层叠加的最终效果，从这里可以看出，若对某个页面元素同时设置背景图像和背景颜色，则背景图像将在背景颜色的上方显示。

CSS2.0 盒模型层次 3D 示意图

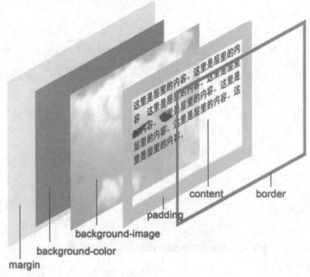

图 4.4　盒子模型的三维立体层次结构图

至此，大家已经了解了盒子模型的基本概念及构成，下面着重介绍盒子模型的几个属性。希望大家在以后的页面制作中，能够游刃有余地应用这些属性，制作出精美的网页。

1.2　边框

边框（border）有 3 个属性，分别是 color（颜色）、width（粗细）和 style（样式）。网页中设置边框样式时，常常需要将这 3 个属性很好地配合起来，才能达到良好的页面效果。在使用 CSS 设置边框的时候，分别使用 border-color、border-width 和 border-style 设置边框的颜色、粗细和样式。

1.2.1　border–color

border-color 的设置方法与文本的 color 属性或背景颜色 background-color 属性完全一样，也是使用十六进制设置边框的颜色，如红色为#FF0000。

由于盒子模型分为上下左右 4 个边框，所以在设置边框颜色时，可以按上下左右的顺序来设置 4 个边框的颜色，也可以同时设置 4 个边框的颜色。border-color 属性的设置方式如表 4-1 所示。

表 4-1　border-color 属性设置方法

属性	说明	示例
border-top-color	设置上边框颜色	border-top-color:#369;
border-right-color	设置右边框颜色	border-right-color:#369;
border-bottom-color	设置下边框颜色	border-bottom-color:#FAE45B;
border-left-color	设置左边框颜色	border-left-color:#EFCD56;

续表

属性	说明	示例
border-color	设置 4 个边框为同一颜色	border-color:#EEFF34;
	上、下边框颜色为#369 左、右边框颜色为#000	border-color:#369 #000;
	上边框颜色为#369 左、右边框颜色为#000 下边框颜色为#F00	border-color:#369 #000 #F00;
	上、右、下、左边框颜色分别为 #369、#000、#F00、#00F	border-color:#369 #000 #F00 #00F;

　　使用 border-color 属性同时设置 4 条边框的颜色时，设置顺序按顺时针方向"上、右、下、左"设置边框颜色，属性值之间，以空格隔开。例如，border-color:#369 #000 #F00 #00F;，#369 对应上边框，#000 对应右边框，#F00 对应下边框，#00F 对应左边框。

1.2.2　border–width

　　border-width 用来指定 border 的粗细程度，它的值有 thin、medium、thick 和像素值。

- thin：设置细的边框。
- medium：默认值，设置中等的边框，一般的浏览器都将其解析为 2px。
- thick：设置粗的边框。
- 像素值：表示具体的数值，自定义设置边框的宽度，如 1px、5px 等，使用像素为单位设置 border 粗细程度，是网页中最常用的一种方式。

　　border-width 属性用法与 border-color 一样，既可以分别设置 4 个边框的粗细，也可以同时设置 4 个边框的粗细。下面以像素值设置为例，具体设置方法如表 4-2 所示。

表 4-2　border-width 属性设置方法

属性	说明	示例
border-top-width	设置上边框粗细为 5px	border-top-width:5px;
border-right-width	设置右边框粗细为 10px	border-right-width:10px;
border-bottom-width	设置下边框粗细为 8px	border-bottom-width:8px;
border-left-width	设置左边框粗细为 22px	border-left-width:22px;
border-width	4 个边框粗细都为 5px	border-width:5px;
	上、下边框粗细为 20px 左、右边框粗细为 2px	border-width:20px 2px;
	上边框粗细为 5px 左、右边框粗细为 1px 下边框粗细为 6px	border-width:5px 1px 6px;
	上、右、下、左边框粗细分别为 1px、3px、5px、2px	border-width:1px 3px 5px 2px;

1.2.3 border–style

border-style 用来指定 border 的样式，它的值有 none、hidden、dotted、dashed、solid、double、groove、ridge 和 outset 等，其中 none、dotted、dashed、solid 在实际网页制作中是经常用到的值。none 表示无边框，dotted 表示为点线边框，dashed 表示虚线边框，solid 表示实线边框。由于 dotted 和 dashed 在大多数浏览器中显示为实线，因此在实际网页应用中，由于浏览器之间的兼容性，常用的值基本为 none 和 solid。其他值的用法在这里不再详细讲解。

border-style 属性用法与 border-color 和 border-width 一样，既可以分别设置 4 个边框的样式，也可以同时设置 4 个边框的样式。border-style 具体设置方法如表 4-3 所示。

表 4-3　border-style 属性设置方法

属性	说明	示例
border-top-style	设置上边框为实线	border-top-style:solid;
border-right-style	设置右边框为实线	border-right-style:solid;
border-bottom-style	设置下边框为实线	border-bottom-style:solid;
border-left-style	设置左边框为实线	border-left-style:solid;
border-style	设置 4 个边框均为实线	border-style:solid;
	上、下边框为实线 左、右边框为点线	border-style:solid dotted;
	上边框为实线 左、右边框为点线 下边框为虚线	border-style:solid dotted dashed;
	上、右、下、左边框分别为实线、点线、虚线、双线	border-style:solid dotted dashed double;

1.2.4 border 简写属性

以上内容介绍了边框的 border-color、border-width、border-style 这 3 个属性的设置方法，希望大家掌握了使用这 3 个属性设置边框的颜色、粗细和样式。其实在实际的网页制作中，通常使用 border-top、border-right、border-bottom 和 border-left 来单独设置各个边框的样式。例如，设置某网页元素的下边框为红色、9px、虚线显示，代码如下。

```
border-bottom: 9px #F00 dashed;
```

  同时设置 3 个属性时，border-color、border-width、border-style 顺序没有限制，可以按任意顺序设置，但是一般的顺序为粗细、颜色和样式。

同时设置一条边框的 3 个属性的问题解决了，如果 4 个边框的样式相同，需要同时设置 4 个边框的样式，怎么办呢？其实很简单，直接使用 border 属性设置 4 个边框的样式，代码如下所示。

```
border: 9px #F00 dashed ;
```

这句代码表示某网页元素的 4 个边框均为红色、9px、虚线显示。同时设置 4 个边框的 3 个属性时，这 3 个属性的顺序也没有限制，并且使用 border 同时设置 4 个边框的样式也是网页制作中经常用到的方法。

大家上网时看到的注册、登录、问卷调查页面中的文本输入框的样式都是经过美化的，有时提交、注册按钮也使用的是图片代码，这些都是使用了 border 属性。下面通过示例 1 学习 border 的用法，制作一个注册页面。

⊃示例 1

首先编写 HTML 代码，把注册内容放在一个边框为实线、蓝色的<div>中，标题使用<h1>实现，注册内容放在表格中，关键代码如下。

```
……
<link href="css/regist.css" rel="stylesheet" type="text/css" />
</head>
<body>
<div id=" regist ">
<h1>免费试听现在体验</h1>
<form action="" method="post" name="myform">
<table width="100%" border="0" cellspacing="0" cellpadding="0">
<tr>
<td class="leftTitle">姓名：</td>
<td><input name="user" type="text"    class="textInput"/></td>
</tr>
        ……
<tr>
<td class="leftTitle"> </td>
<td><input name="" type="submit"    value=" " class="btnRegist"/></td>
</tr>
……
```

使用 CSS 设置 id 为 regist 的<div>的边框样式为 1px、蓝色、实线，标题背景颜色为蓝色，注册内容背景颜色为浅蓝色，文本输入框的边框样式为 1px、深灰色、实线，同时设置注册按钮以背景图片的方式显示，并且鼠标移至按钮上时显示为手状，CSS 代码如下。

```
#regist {
        width:230px;
        border:1px #3A6587 solid;        /*边框样式*/
    }
h1 {
        text-align:center; font-size:16px; line-height:35px; color:#FFF;
        background-color:#3A6587;      /*设置标题背景颜色*/
    }
#regist table {background-color:#D4E8F7;      /*设置注册内容背景颜色*/    }
#regist table td {height:28px;font:12px "宋体";}
.leftTitle {width:80px; text-align:right;}
.textInput {
        border:1px #7B7B7B solid;      /*设置文本输入框的样式*/
```

```
            width:130px;                    /*设置文本输入框的宽度*/
            height:17px;                    /*设置文本输入框的高度*/
        }
.btnRegist {
            background:url(../image/btnRegist.jpg) 0px 0px no-repeat;   /*设置按钮的样式*/
            width:100px;                    /*设置按钮的宽度*/
            height:32px;                    /*设置按钮的高度*/
            border:0px;                     /*设置按钮边框为无*/
            cursor:pointer;                 /*设置鼠标手状显示*/
        }
```

在浏览器中查看的页面效果如图 4.5 所示，页面内容均在一个蓝色的框中，所有文本输入框的样式相同，鼠标移至注册按钮上时显示为手状。

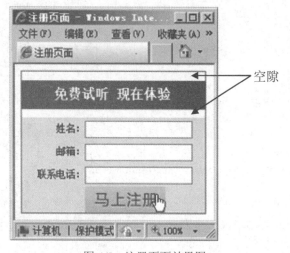

图 4.5　注册页面效果图

从上面的 HTML 代码中可以看到，<h1>标签与它外层的<div>标签，以及下面的<form>标签之间均无内容，可是页面显示却出现了空隙，为什么？因为<h1>标签的外边距使它与上下内容之间有了空隙，下面开始学习外边距。

操作案例 1：制作京东快报模块

需求描述

使用列表制作京东快报，并且使用盒子模型属性设置边框、内外边距。具体要求如下。

- 京东快报外框颜色为灰色，上左右边框为实线，下边框为虚线。
- 标题"京东快报"上左右无边框，下边框为虚线，颜色为灰色。

完成效果

打开网页，运行效果如图 4.6 所示。

技能要点

- 列表的使用。
- 盒子模型的边框设置。

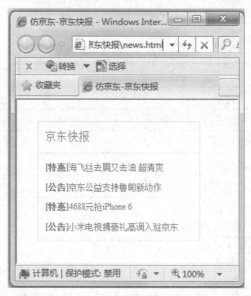

图 4.6　京东快报模块

关键代码

设置边框样式的关键代码如下。

```
.box{
        border:1px #E4E4E4 solid;
        border-bottom:1px #E4E4E4 dashed;
        width:230px;
    }
```

如下代码为设置标题样式的关键代码。

```
h2{
        padding-left:10px;
        line-height:43px;
        height:43px;
        border-bottom:1px #E8E8E7 dotted;
        font-size:16px;
        color:#666;
        font-weight:normal;
    }
```

1.3　外边距

外边距（margin）位于盒子边框外，指与其他盒子之间的距离，也就是网页中元素与元素之间的距离。例如，图 4.5 中标题与<div>上边框之间的距离，以及标题与下方表单之间的距离都是由于<h1>外边距产生的。从图中也可以看到页面内容并没有紧贴浏览器，而是与浏览器有一定的距离，这是因为 body 本身也是一个盒子，也有一个外边距，这个距离就是由于 body 的外边距产生的。

外边距与边框一样，也分为上外边距、右外边距、下外边距、左外边距，设置方式和设置顺序也基本相同，具体属性设置如表 4-4 所示。

表 4-4　外边距属性设置方法

属性	说明	示例
margin-top	设置上外边距	margin-top:1px;
margin-right	设置右外边距	margin-right:2px;
margin-bottom	设置下外边距	margin-bottom:2px;
margin-left	设置左外边距	margin-left:1px;
margin	上、右、下、左外边距分别是 3px、5px、7px、4px	margin:3px 5px 7px 4px;
	上、下外边距为 3px 左、右外边距为 5px	margin:3px 5px;
	上外边距为 3px 左、右外边距为 5px 下外边距为 7px	margin:3px 5px 7px;
	上、右、下、左外边距均为 8px	margin:8px;

　　学习了外边距的用法后，在网页制作过程中，根据页面制作需要，合理地设置外边距就可以了。但是在实际应用中，网页中很多标签都有默认的外边距。例如，标题标签<h1>～<h6>，段落标签<p>，列表标签<ul>、<ol>、<li>、<dl>、<dt>、<dd>，页面主体标签<body>，表单标签<form>等都有默认的外边距，并且在不同的浏览器中，这些标签默认的外边距也不一样。因此，为了使页面在不同浏览器中显示的效果一样，通常在 CSS 中通过并集选择器统一设置这些标签的外边距为 0px，这样页面就不会因为外边距而产生不必要的空隙，各浏览器显示的效果也会一样。

　　现在修改上面的例子，去掉页面中的空隙。由于注册按钮与上面的文本输入框和下面边框都贴得较近，现在通过 margin 设置按钮与上下内容有一定的距离。修改后的 CSS 代码如示例 2 所示。

⊃示例 2

```
body,h1{margin:0px;}          /*并集选择器*/
……
.btnRegist {
    background:url(../image/btnRegist.jpg) 0px 0px no-repeat;
    width:100px;
    height:32px;
    border:0px;
    cursor:pointer;
    margin:5px 0px;
}
```

　　在浏览器中查看的页面效果如图 4.7 所示，<body>和<h1>产生的外边距已去掉，而且注册按钮的上下产生了 **5px** 的外边距，使它与其他内容之间有了一定的距离，使页面看起来更舒服。

从图 4.7 中可以看到，页面内容在浏览器的左上角开始显示。而实际上，大家在浏览网页时会发现，大多数网页内容都是在浏览器中间显示的，那么通过 CSS 设置是否也能使这个注册页面在浏览器中居中显示呢？当然了，使用 margin 就可以设置页面居中显示。

在 CSS 中，margin 除了可以使用像素值设置外边距之外，还有一个特殊值——auto，这个值通常用于设置盒子在它父容器中居中显示。例如，设置图 4.7 中页面内容居中显示，在 id 为 regist 的 DIV 样式中增加居中显示样式，代码如下。

```
#regist {
    width:230px;
    border:1px #3A6587 solid;
    margin:0px auto;    /*上、下外边距为 0px，左、右外边距自动*/
}
```

在浏览器中查看页面效果，如图 4.8 所示，页面内容距浏览器上下边为 0px，左右居中显示。

图 4.7　去掉外边距的页面效果图

图 4.8　居中显示的页面效果图

1.4　内边距

内边距（padding）用于控制内容与边框之间的距离，以便精确控制内容在盒子中的位置。内边距与外边距一样，也分为上内边距、右内边距、下内边距、左内边距，设置方式和设置顺序也基本相同，具体属性设置如表 4-5 所示。

表 4-5　内边距属性设置方法

属性	说明	示例
padding-left	设置左内边距为 10px	padding-left:10px;
padding-right	设置右内边距为 5px	padding-right:5px;
padding-top	设置上内边距为 20px	padding-top:20px;
padding-bottom	设置下内边距为 8px	padding-bottom:8px;

续表

属性	说明	示例
padding	上、右、下、左内边距分别为20px、5px、8px、10px	padding:20px 5px 8px 10px;
	上、下内边距为10px 左、右内边距为5px	padding:10px 5px;
	上内边距为30px 左、右内边距为8px 下内边距为10px	padding:30px 8px 10px;
	上、右、下、左内边距均为10px	padding:10px;

大家还记得前面章节中讲解的"全部商品分类显示"的例子吧，它的列表内容与左侧边框就有一段距离，如图4.9所示。

现在使用学习过的padding属性，设置列表内边距为0px，设置页面内容居中显示，同时对于页面中能够产生外边距的元素统一使用并集选择器设置其外边距为0px。由于HTML代码没有改变，这里仅修改CSS代码，关键代码如示例3所示。

⊃示例3

```
body,ul,li{padding:0px; margin:0px;}    /*并集选择器，统一设置内外边距为0px*/
#nav {
    width:230px;
    background-color:#D7D7D7;
    margin:0px auto;                /*页面居中显示*/
}
```

在浏览器中查看页面效果，如图4.10所示，列表内容居左显示，内边距没有了，并且页面内容居中显示。

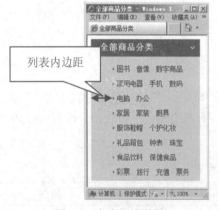

图4.9　内边距效果图

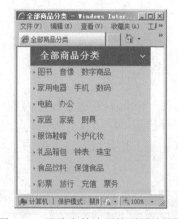

图4.10　消除内外边距的页面效果图

1.5　盒子模型的尺寸

刚开始使用CSS+DIV制作网站的时候，可能有不少人会因为页面元素没有按预期的在同一行显示，而是折行了，或是将页面撑开了，而感到迷惑。导致页面元素折行显示，或撑开页面的原因，主要还是盒子尺寸问题，下面就来详细介绍盒子模型的尺寸。

在 CSS 中，width 和 height 指的是内容区域的宽度和高度。增加了边框、内边距和外边距后不会影响内容区域的尺寸，但是会增加盒子模型的总尺寸。

假设盒子的每个边上有 10px 的外边距和 5px 的内边距，如果希望这个盒子宽度总共达到 100px，就需要将内容的宽度设置为 70px，如图 4.11 所示。

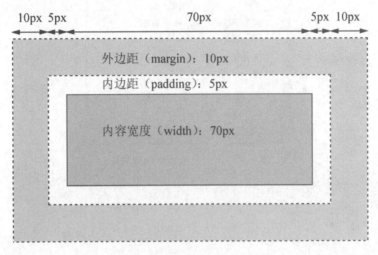

图 4.11 盒子模型的尺寸

如果在上述条件的基础上，再为盒子左右各增加 1px 的边框，要是盒子总尺寸还是 100px，内容宽度又该设置为多少像素呢？根据以上讲述的内容不难看出，应该将内容的宽度设置为 68px，从而可以得出盒子模型总尺寸是内容宽度、外边距、内边距和边框的总和。盒子模型的计算方法如下：

盒子模型总尺寸=border+width+padding+margin

在精确布局的页面中，盒子模型总尺寸的计算显得尤为重要。因此，一定要掌握它的计算方法。

操作案例 2：制作聚美优品商品分类页面

需求描述

制作聚美优品商品分类页面，要求如下。

- 页面背景颜色为灰色，商品分类列表背景颜色为白色。
- 使用标题标签制作商品分类标题，标题背景颜色为黑色，字体颜色为白色。
- 使用定义列表 dl-dt-dd 制作商品分类列表，各分类名称前的小图片使用背景图片的方式实现，各种分类中间使用虚线分隔，最后一个分类下方没有虚线。
- 分类列表标题与列表内容对齐显示。

完成效果

打开网页，运行效果如图 4.12 所示。

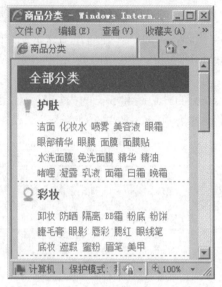

图 4.12　商品分类页面的效果图

技能要点

- 外边距的设置。
- 内边距的设置。

实现思路

- 页面背景颜色直接使用标签选择器 body 设置。
- 使用 margin 和 padding 设置标题标签、定义列表标签的外边距、内边距为 0px。
- 商品分类标题放在<dt>标签中，统一设置字体样式，使用 padding-left 设置文本向右缩进距离，然后通过类样式使用 background 属性分别设置分类标题前的背景小图标。
- 列表内容放在<dd>标签中，统一设置字体样式，使用 padding-left 设置文本向右缩进距离，使用 border-bottom 设置下边框的虚线边框。

2 　标准文档流

标准文档流，简称"标准流"，是指在不使用其他的排版和定位相关的特殊 CSS 规则时，各种元素的排列规则，即 CSS 规定的网页元素默认的排列方式。

2.1 　标准文档流的组成

根据标准文档流的排列规则，标准文档流由块级元素和内联元素两类元素组成。

2.1.1 　块级元素

从前面学习过的列表可以知道，每个<li>都占据着一个矩形的区域，并且和相邻的<li>依次竖直排列，不会排在同一行中。<ul>与<li>一样，也具有同样的性质，因此这类元素被称为"块级元素"（block level）。它们总是以一个块级形式表现出来，并且跟同级的兄弟块依次竖直排列，左右撑满，如前面学习过的标题标签、段落标签、<div>标签都是块级元素。

2.1.2　内联元素

对于文字这类元素，各个字母之间横向排列，到最右端自动折行，这就是另一种元素，称为"内联元素"（inline）。

例如，<span>……</span>标签就是一个典型的内联元素，这个标签本身不占有独立的区域，仅仅在其他元素的基础上指定了一定的范围。再如，最常用的<a>标签、<img/>标签、<strong>标签都是内联元素。

块级元素独占一行，拥有自己的区域，而内联元素则没有自己的区域，那么除这个区别，它们之间还有其他的区别吗？

根据以前学过的关于<span>和<div>的知识可以知道，<span>标签可以包含于<div>标签中，成为它的子元素，而反过来则不成立。因此，由<div>和<span>之间的区别可以更深刻地理解块级元素和内联元素的区别。

2.2　display 属性

通过前面的讲解，已经知道标准文档流有两种元素，一种是以<div>为代表的块级元素，还有一种是以<span>为代表的内联元素。事实上，对于这些标签还有一个专门的属性来控制元素的显示方式，是像<div>那样块状显示，还是像<span>那样行内显示，这个属性就是 display 属性。

在 CSS 中，display 属性用于指定 HTML 标签的显示方式，它的值有许多个，但是网页中常用的只有 3 个，如表 4-6 所示。

表 4-6　display 属性常用值

值	说明
block	块级元素的默认值，元素会被显示为块级元素，该元素前后会带有换行符
inline	内联元素的默认值，元素会被显示为内联元素，该元素前后没有换行符
none	设置元素不会被显示

display 属性在网页中用得比较多，下面以流行歌曲《最炫民族风》为例来演示 display 设置不同值的效果，歌词的前 5 句放在<span>标签中，第 6~9 句放在<div>标签中，HTML 代码如示例 4 所示。

◗示例 4

```
<div id="music">
<h1>最炫民族风</h1>
<p>演唱：凤凰传奇</p>
<span>苍茫的天涯是我的爱</span>
<span>绵绵的青山脚下花正开</span>
<span>什么样的节奏是最呀最摇摆</span>
```

```
<span>什么样的歌声才是最开怀</span>
<span>弯弯的河水从天上来</span>
<div>流向那万紫千红一片海</div>
<div class="song-1">火辣辣的歌谣是我们的期待</div>
<div class="song-1">一路边走边唱才是最自在</div>
<div class="song-2">我们要唱就要唱得最痛快</div>
<div>……</div>
</div>
</body>
</html>
```

使用 CSS 设置标题、文本样式后在浏览器中查看页面效果，如图 4.13 所示。从页面中可以看到，前 5 句歌词放在<span>标签中，它们按顺序显示，第 6～9 句歌词放在<div>标签中，每句独占一行。

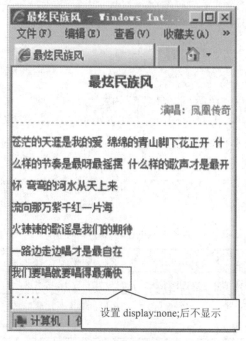

图 4.13　未设置 display 属性的效果图

现在使用 display 设置<span>标签为块级元素，设置第 7 句与第 8 句两句歌词所在的<div>为内联元素，设置第 9 句歌词不显示，CSS 关键代码如下。

```
#music span {
    display:block;
    padding-left:5px;
}
#music div {
    padding-left:5px;
}
#music .song-1{display:inline;}
#music .song-2{display:none;}
```

在浏览器中查看页面效果，如图 4.14 所示，第 1～5 句歌词均独占一行，第 7 句与第 8 句在同一行显示，第 9 句歌词不显示。

图 4.14　设置 display 属性后的效果图

从这个例子可以看出，通过设置 display 属性，可以改变某个标签本来的元素类型，或者把某个元素隐藏起来。其实在实际的网页制作中，display 经常会用来设置某个元素的显示或隐藏。如果经常上网购物，会发现浏览商品列表时常常会有这样一个现象：当鼠标放在某个商品上时会出现商品的价格、简介、热卖程度等，有时鼠标放在一个商品的名称上时会出现商品图片、价格等商品详细情况，这些都是互联网经常用到的 display 属性实现的页面效果。那么下面就来做一个这样的练习，以巩固 display 的用法。

操作案例 3：制作彩妆热卖产品列表页面

需求描述
制作聚美优品彩妆热卖产品列表页面，要求如下。

- 页面背景颜色为浅黄色，彩妆热卖产品列表背景颜色为白色。
- 标题放在段落标签中，标题背景颜色为桃红色，字体颜色为白色。
- 使用无序列表\<ul\>制作彩妆热卖产品列表，两个产品列表之间使用虚线隔开。
- 超链接字体颜色为灰色、无下划线，数字颜色为白色，数字背景为灰色圆圈，如图 4.15 所示。
- 当鼠标移至超链接上时，超链接字体颜色为桃红色、无下划线，数字颜色为白色，数字背景为桃红色圆圈，并且显示产品对应的图片、价格和当前已购买人数，如图 4.16 所示。

完成效果
运行效果如图 4.15 和图 4.16 所示。

4
Chapter

图 4.15　彩妆热卖产品列表　　　　图 4.16　鼠标移至产品上时的效果

技能要点

● 使用无序列表制作产品列表。

● 使用 margin 和 padding 设置外边距和内边距。

● 使用 background 设置页面背景。

● 使用 display 控制元素的显示和隐藏。

实现思路

● 页面整体布局、标题样式、背景样式、列表样式和列表前小图标的背景样式等页面其他 CSS 设置参见操作案例 2 的实现思路。

● 在每个列表中增加一个<div>，然后把彩妆商品图片、价格和最近购买人数放在这个<div>中，关键代码如下。

```
……
<div id="cosmetics">
<p class="title">大家都喜欢的彩妆</p>
<ul>
<li><a href="#"><span>1</span>Za 姬芮新能真皙美白隔离霜 35g
<div><img src="image/icon-1.jpg" alt="Za 姬芮新能真皙美白隔离霜" />
<p>￥62.00　最近 69122 人购买</p>
</div>
</a></li>
……
</ul>
</div>
```

● 使用 display 属性设置初始状态下<li>标签中的<div>不显示，CSS 代码如下。

```
#cosmetics li div {
    display:none;
```

```
    text-align:center;
}
```

● 使用 display 属性设置当鼠标悬停在超链接上时<li>标签中的<div>显示，CSS 代码如下。

```
#cosmetics a:hover div {
    display:block;
}
```

本章总结

● 掌握盒子模型的边框、外边距和内边距在网页中的使用方法。
● 会使用盒子模型属性设置网页元素，能够精确计算盒子模型的尺寸。
● 了解标准文档流由块级元素和内联元素组成。
● 使用 display 属性对网页元素进行转换、设置显示和隐藏。

本章作业

1. 什么是盒子模型？盒子模型的属性有哪些？它们的作用分别是什么？
2. 块级元素和内联元素的区别是什么？
3. 制作如图 4.17 所示的培训机构中心开班信息模块（页面效果等见提供的素材），要求如下。

● 标题左侧的小图标以背景图像的方式实现，背景标题颜色为白色。
● 使用无序列表实现开班信息列表，列表前的小三角箭头和下方的虚线均使用背景图像的方式实现。
● 列表超链接文本颜色为灰色、无下划线，当鼠标悬浮在超链接文本上时字体颜色发生变化、无下划线。

图 4.17 开班信息页面效果图

4．制作如图 4.18 所示的京东商城商品分类列表页面（页面效果等见提供的素材），要求如下。

- 商品列表放在一个<div>中，<div>的 4 个边框均为 2px 的橙色实线。
- 每个列表前的图片使用背景图像的方式实现，每个列表下方为 1px 的灰色虚线。
- 文本超链接为黑色粗体，当鼠标悬停在超链接上时文本变色，并且无下划线。

图 4.18　商品分类列表页面

5．制作如图 4.19 所示的课程免费体验登录页面（页面效果等见提供的素材），要求如下。
- 页面文本颜色为白色，字体颜色为红色。
- 使用无序列表排版表单元素。
- 无序列表内容在页面中居中显示。
- 文本输入框的边框样式为 1px 灰色实线。
- "免费体验"按钮使用背景图像的方式实现。

图 4.19　免费体验登录页面

6．请登录课工场，按要求完成预习作业。

第 5 章

浮动

本章技能目标

- 会使用 float 属性布局网页并定位网页元素
- 会使用 clear 属性清除浮动
- 会使用 overflow 属性进行溢出处理

本章简介

使用 DIV+CSS 进行网页布局实际上是使用 CSS 定位、排版网页元素，这是一种很新的排版理念，完全有别于传统的排版习惯。它首先对<div>标签进行分类，然后使用 CSS 对各个<div>进行定位，最后再在各个<div>中编辑页面内容，这样就实现了表现与内容分离，在后期维护 CSS 时十分容易。那么如何使用 CSS 定位网页元素呢？

这就是本章要重点讲解的内容——浮动，使用浮动定位网页元素，并且根据网页布局需要对浮动进行清除或处理溢出内容。

1 网页布局

在前面的章节里学习了使用 HTML 标签制作网页和使用 CSS 美化网页元素,之前讲解的案例或是技能训练都是网页中的一部分,那么如何布局并制作一个完整的网页呢? 一个完整的页面至少包含哪些内容呢?

大家见到的网站基本上都包括网站导航、网页主体内容、网站版权这 3 个部分,网站导航一般包括网站 logo、导航菜单及一些其他信息,主体内容是网页上要呈现给浏览者的内容,网站版权一般包括网站声明和一些相关链接等。如图 5.1 所示的 QQ 网站的游戏主页,最上方是网站导航,包括页面 logo、导航菜单、其他链接;中间是网站的主体内容;最下方是网站版权,包括网站的版权声明、关于腾讯等网页链接等。

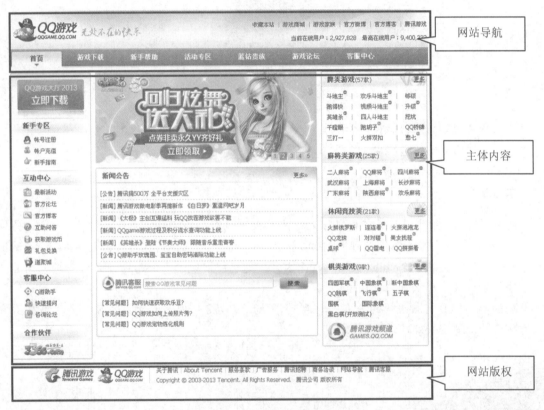

图 5.1 网页基本结构

虽然互联网上的页面基本上都包括这 3 个部分,但在布局上却各不相同,常见的网页布局类型有:

- 上下结构。
- 上中下结构。
- 上左右下结构,即 1-2-1 结构,也称拐角型。
- 上左中右下结构,即 1-3-1 结构,也称国字型。

上左右下结构和上左中右下结构是大多数网站比较喜欢运用的类型,也是大家上网时经常见到的网页类型，因此这里主要介绍这两种网页类型，其他的不作详细讲解。

上左中右下结构也可以称为"1-3-1"型或者国字型，最上面是网站导航，中间主体部分为左、中、右布局，其中左、右分列两小条内容，中间是主要部分，与左右一起罗列到底，最下面是网站版权，图 5.1 就是这样的布局。

上左右下结构也可以称为"1-2-1"型或者拐角型，与国字型只是形式上的区别，其实是很相近的，拐角型页面上方的网站导航包括 logo、一些链接或广告横幅等内容，下面的左侧是一窄列网站链接，右侧是很宽的正文，下面是网站版权部分，如图 5.2 所示的当当网页面就是典型的"1-2-1"型页面。

到这里，大家已经了解了网页的基本布局，但在真正地使用 CSS 布局网页时可能会遇到一个很大的问题，那就是如何让两个<div>或三个<div>在同一行显示，实现页面的"1-2-1"或"1-3-1"布局，这就涉及本章要重点讲解的浮动。

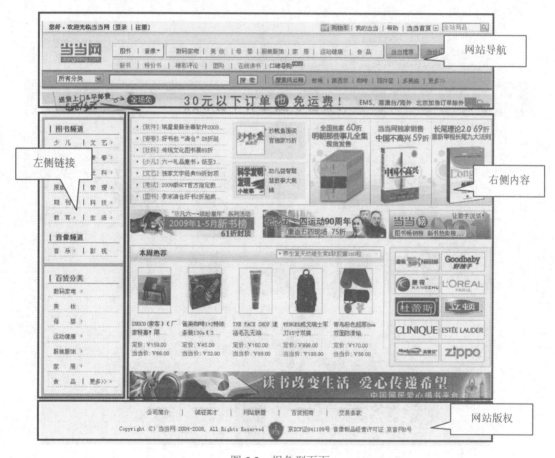

图 5.2 拐角型页面

2 浮动

在标准文档流中，一个块级元素在水平方向会自动伸展，直到包含它的元素的边界，在竖直方向和其他的块级元素依次排列。那么如何才能实现如图 5.2 所示的网页布局呢？这就需要使用"浮动"属性了。

　　要实现浮动需要在 CSS 中设置 float 属性，默认值为 none，也就是标准文档流块级元素通常显示的情况。如果将 float 属性的值设置为 left 或 right，元素就会向其父元素的左侧或右侧浮动，同时默认情况下，盒子的宽度不再伸展，而是根据盒子里面的内容和宽度来确定，这样就能够实现网页布局中的"1-2-1"或"1-3-1"布局类型。

2.1　网页中浮动的应用

　　在 CSS 中，使用浮动（float）属性，除了可以建立网页的横向多列布局，还可以实现许多其他网页内容的布局，如图 5.3 所示的横向导航菜单、图 5.4 所示的商品列表展示、图 5.5 所示的栏目标题和图书照片与文本信息左右混排的热搜图书列表，这些都是使用 float 属性设置浮动实现的效果。

图 5.3　横向导航菜单

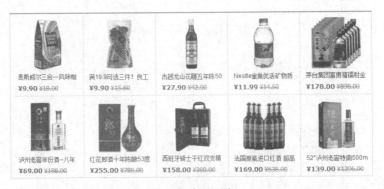

图 5.4　商品列表

图 5.5　热搜图书列表

　　从这些例子中可以看出，float 属性在网页布局中起着非常重要的作用，它不仅能从全局来布局网页，还可以对网页中的导航菜单、栏目标题、商品列表等内容进行排版，可见 float 属性在网页中的作用举足轻重，下面介绍 float 属性。

2.2　float 属性

在 CSS 中，通过 float 属性定义网页元素在哪个方向浮动。常用属性值有左浮动、右浮动和不浮动 3 种，具体属性值如表 5-1 所示。

表 5-1　float 属性值

属性值	说明
left	元素向左浮动
right	元素向右浮动
none	默认值。元素不浮动，并会显示在其文本中出现的位置

浮动在网页中的应用比较复杂，下面将通过实例来讲解。为了将浮动演示清楚，这里首先制作一个基础的页面，后面一系列的属性设置将基于该页面进行，具体代码如示例 1 所示。

⊃示例 1

```
……
<body>
<div id="father">
<div class="layer01"><img src="image/photo-1.jpg" alt="日用品" /></div>
<div class="layer02"><img src="image/photo-2.jpg" alt="图书" /></div>
<div class="layer03"><img src="image/photo-3.jpg" alt="鞋子" /></div>
<div class="layer04">浮动的盒子……</div>
</div>
</body>
</html>
```

在这段代码中定义了 5 个<div>，其中最外层<div>的 id 为 father，另外 4 个<div>是它的子块。为了便于观察，使用 CSS 设置所有<div>都有一个外边距和内边距，并且设置最外层<div>为实线边框，内层的 4 个<div>为虚线边框，颜色也各不相同，代码如下。

```
div{margin:10px; padding:5px;}
#father{border:1px #000 solid;}
.layer01{border:1px #F00 dashed;}
.layer02{border:1px #00F dashed;}
.layer03{border:1px #060 dashed;}
.layer04{border:1px #666 dashed; font-size:12px; line-height:20px;}
```

在浏览器中查看页面效果，如图 5.6 所示，由于没有设置浮动，则 3 个图片和文本所在<div>各自向右伸展，并且在竖直方向依次排列。

现在学习 float 属性在网页中的应用，在学习如何设置 float 属性的同时，充分体会浮动具有哪些性质。为了描述方便，将这 5 个<div>分别用 father、layer01、layer02、layer03、layer04来表示，下面分别设置它们的浮动，然后查看效果。

图 5.6　没有设置浮动的效果

1．设置 layer01 左浮动

在上面代码的基础上，通过 float 属性设置 layer01 左浮动，在类样式 layer01 中增加左浮动代码如下。

```
.layer01 {
     border:1px #F00 dashed;
     float:left;
}
```

在浏览器中查看设置完 layer01 左浮动的页面效果，如图 5.7 所示，可以看到 layer01 向左浮动，并且它不再向右伸展，其宽度为仅能够容纳里面日用品图片的最小宽度。

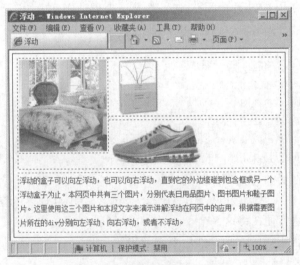

图 5.7　设置 layer01 左浮动

　　下面思考一个问题，此时 layer02 左边框在哪里呢？仔细观察图 5.7 可以发现，layer02 的左边框、上边框分别与 layer01 的左边框和上边框重合，由此可知设置完左浮动的 layer01 已经脱离标准文档流，所以标准文档流中的 layer02 顶到原来 layer01 的位置，layer03 也随着 layer02 的移动而向上移动。

　　2.　设置 layer02 左浮动

　　现在通过 float 属性设置 layer02 左浮动，在类样式 layer02 中增加左浮动的代码如下。

```
.layer02 {
        border:1px #00F dashed;
        float:left;
}
```

　　在浏览器中查看设置完 layer02 左浮动的页面效果，如图 5.8 所示，可以看到 layer02 向左浮动，并且它也不再向右伸展，而是根据里面的图片宽度确定本身的宽度。

图 5.8　设置 layer02 左浮动

　　从图 5.8 中可以更清楚地看出，由于 layer02 左浮动后脱离了标准文档流，layer03 的左边框与 layer01 左边框重合，layer04 中的文本上移，并且围绕着几个图片显示。

　　3.　设置 layer03 左浮动

　　现在通过 float 属性设置 layer03 左浮动，在类样式 layer03 中增加左浮动的代码如下。

```
.layer03 {
        border:1px #060 dashed;
        float:left;
}
```

　　在浏览器中查看设置完 layer03 左浮动的页面效果，如图 5.9 所示，可以看到 layer03 向左浮动，并且它也不再向右伸展，而是根据里面的图片宽度确定本身的宽度。

　　这时可以清楚地看出，文字所在的 layer04 左边框与 layer01 的左边框重合，并且它里面的文字围绕着这几张图片排列。

5
Chapter

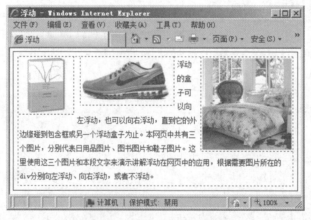

图 5.9　设置 layer03 左浮动

4. 设置 layer01 右浮动

以上都是设置 `<div>` 左浮动，现在改变浮动方向，把 layer01 的左浮动改变为右浮动，代码如下所示。

```
.layer01 {
    border:1px #F00 dashed;
    float:right;
}
```

在浏览器中查看设置完 layer01 右浮动的页面效果，如图 5.10 所示。layer01 浮动到 father 的右侧，layer02 和 layer03 向左移动，layer04 中的文本依然环绕着几张图片。

图 5.10　设置 layer01 右浮动

5. 设置 layer02 右浮动

现在改变 layer02 的浮动方向，把 layer02 的左浮动改变为右浮动，代码如下。

```
.layer02 {
    border:1px #00F dashed;
    float:right;
}
```

在浏览器中查看设置完 layer02 右浮动的页面效果，如图 5.11 所示。layer01 位置没有改变，layer02 向右浮动，它与 layer03 交换了位置，layer04 中的文本依然环绕着几张图片。

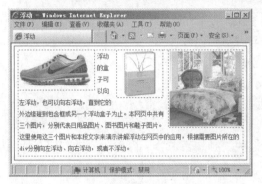

图 5.11　设置 layer02 右浮动

到这里大家可以看出，无论如何改变 layer01、layer02 和 layer03 的浮动情况，layer04 中的文本总是环绕图片显示。那么如何设置才能够使文本在所有图片的下方显示，而不是环绕图片显示呢？这时 clear 属性就要闪亮登场了。先来做个练习吧。

操作案例 1：制作视频宣传片列表页面

需求描述

制作如图 5.12 所示的视频宣传片列表页面，要求如下。

● 精彩视频列表内容在浏览器中居右显示。
● 标题背景使用背景图片实现，标题字体样式为 14px、白色、加粗显示。
● 使用无序列表排版精彩视频列表内容。
● 视频列表所在内容背景颜色为浅灰色，图片添加超链接，图片边框为 2px 白色实线，当鼠标移至图片上时，图片边框变为 2px 橙色实线。
● 视频图片标题加粗显示，时长和点击前的小图片使用背景图像的方式实现。

完成效果

运行效果如图 5.12 所示。

图 5.12　视频宣传片列表页面效果图

技能要点

- 使用无序列表制作视频列表。
- 使用 float 属性定位网页元素。
- 使用 background 设置背景图像。
- 使用 padding 设置网页内容的缩进距离。

关键代码

（1）使用无序列表排版视频列表内容，视频图片标题放在标题标签<h1>中，时长和点击内容分别放在<p>标签和<span>标签中，关键代码如下。

```
<ul class="videoSList">
<li><a href="#"><img src="image/video-01.jpg"/></a>
<h1>携手共同进步</h1>
<p>时长：80 秒</p>
<span>点击：541563</span>
</li>
    ……
</ul>
```

（2）使用 float 设置<li>左浮动，并且设置它的宽度和高度，代码如下。

```
.videoSList li {
    float:left;
    width:142px;
    height:160px;
}
```

（3）使用后代选择器分别设置超链接图片边框样式和鼠标悬停时的图片样式，代码如下。

```
.videoSList li a img {border:2px #FFFFFF solid;}
.videoSList li a:hover img {border:2px #F08609 solid;}
```

（4）最后设置图片标题样式、时长和点击的样式。由于点击放在<span>标签中，要设置它的背景图片，需要使用 display 属性把它变为块级元素，代码如下。

```
.videoSList span {
    background:url(../image/icon-02.jpg) 10px 5px no-repeat;
    padding-left:30px;
    height:25px;
    line-height:25px;
    display:block;
}
```

3　清除浮动

在前面的讲解中，全面地剖析了 CSS 中的浮动属性，并且知道由于某些元素设置了浮动，在页面排版时会影响其他元素的位置，如果要使标准文档流中的元素不受浮动元素的影响，该怎么办呢？clear 属性在 CSS 中正是起到这样的作用，它的作用就是为了消除浮动元素对其他元素的影响。

3.1　清除浮动影响

在 CSS 中 clear 属性规定元素的哪一侧不允许出现其他浮动元素，它的常用值如表 5-2 所示。

表 5-2　clear 属性值

值	说明
left	在左侧不允许浮动元素出现
right	在右侧不允许浮动元素出现
both	在左、右两侧不允许浮动元素出现
none	默认值，允许浮动元素出现在两侧

如果要将<img>标签两侧的浮动元素清除，可使用 clear 属性设置，代码如下。

```
img {
    clear:both;
}
```

clear 属性常用于清除浮动带来的影响和扩展盒子模型的高度，下面通过例子来详细说明。还是以上一节的例子为基础进行演示说明 clear 属性。

3.1.1　清除左侧浮动

使用 clear 属性清除文本左侧的浮动内容，代码如示例 2 所示。

○示例 2

```
.layer04 {
    border:1px #666 dashed;
    font-size:12px;
    line-height:23px;
    clear:left;
}
```

在浏览器中查看设置了清除文本左侧浮动内容的代码，页面效果图如图 5.13 所示。

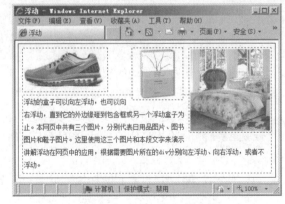

图 5.13　清除文本左侧浮动

Chapter

5

3.1.2 清除右侧浮动

由于文本左侧浮动的内容只有 layer03，现在 layer04 清除了左侧浮动的内容，右侧浮动的内容不受影响，因此文本在 layer03 的下方显示，但是还是环绕着另两个图片显示。那么下面修改代码清除 layer04 右侧浮动内容，代码如下。

```
.layer04 {
    border:1px #666 dashed;
    font-size:12px;
    line-height:23px;
    clear:right;
}
```

在浏览器中查看设置了清除文本右侧浮动内容的代码，页面效果如图 5.14 所示。

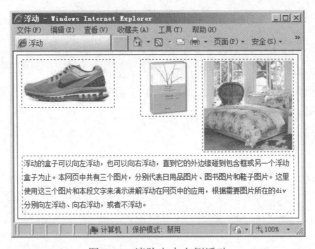

图 5.14　清除文本右侧浮动

由于文本右侧浮动的内容有 layer01 和 layer02，现在 layer04 清除了右侧浮动的内容，因此文本在最高的图片下方显示，与希望的文本在所有图片下方显示的效果一致。但是这样做真的能保证任何时候文本都在所有浮动的内容下方显示吗？

下面做一个实验，把 layer01 设置为左浮动，代码如下。

```
.layer01 {
    border:1px #F00 dashed;
    float:left;
}
```

重新在浏览器中查看将 layer01 设置为左浮动的页面效果，如图 5.15 所示。

看到页面效果了吧，与当初希望的不一致了吧，为什么会这样呢？现在文本左侧浮动的是 layer01 和 layer03，右侧浮动的是 layer02，而设置了清除文本右侧浮动后，仅清除了右侧浮动，左侧浮动是不受影响的，并且左侧的图片高于右侧浮动的图片，所以文本依然环绕左侧比较高的图片显示。

那么如何设置才能够确保文本总是在所有图片的下方显示呢？当然是将两侧的浮动全部清除了。

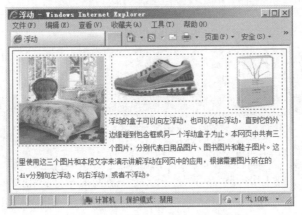

图 5.15　重新设置 layer01 左浮动

3.1.3　清除两侧浮动

当某一盒子两侧都有浮动元素，并且需要清除元素两侧的浮动时，就需要使用 clear 属性的值 both 了。修改代码清除 layer04 两侧的浮动，代码如下。

```
.layer04 {
        border:1px #666 dashed;
        font-size:12px;
        line-height:23px;
        clear:both;
}
```

在浏览器中查看清除了文本两侧浮动的页面，效果如图 5.16 所示。

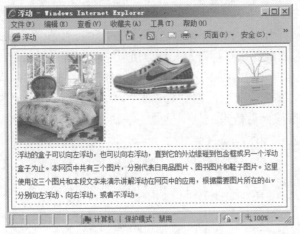

图 5.16　清除文本两侧浮动

3.2　扩展盒子高度

关于 clear 属性的作用，除了用于清除浮动影响之外，还能用于扩展盒子高度。下面仍以图 5.16 的代码为例，将文本所在的 layer04 也设置为左浮动，代码如示例 3 所示。

⊃示例3

```
.layer04 {
    border:1px #666 dashed;
    font-size:12px;
    line-height:23px;
    clear:both;
    float:left;
}
```

这时在 father 里面的 4 个<div>都设置了浮动，它们都不在标准文档流中，在浏览器中查看页面效果，如图 5.17 所示。

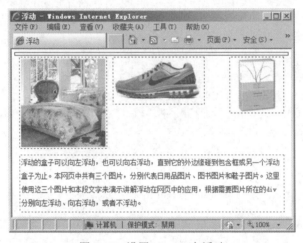

图 5.17   设置 layer04 左浮动

从图 5.17 中可以看到，layer04 设置左浮动之后，father 的范围缩成一条，是由 padding 和 border 构成的。浮动的元素脱离了标准文档流，所以它们包围的图片和文本不占据空间。也就是说，一个<div>的范围是由它里面的标准文档流的内容决定的，与里面的浮动内容无关。

那么如何让 father 在视觉上包围浮动元素呢？clear 属性可以实现这样的效果。使用 clear 属性能够实现外层元素从视觉效果上包围里面的浮动元素，即在所有浮动的<div>后面再增加一个<div>，HTML 代码如下所示。

```
……
<div id="father">
<div class="layer01"><img src="image/photo-1.jpg" alt="日用品" /></div>
<div class="layer02"><img src="image/photo-2.jpg" alt="图书" /></div>
<div class="layer03"><img src="image/photo-3.jpg" alt="鞋子" /></div>
<div class="layer04">浮动的盒子……</div>
<div class="clear"></div>
</div>
</body>
</html>
```

在 CSS 增加类样式 clear，由于受到 CSS 继承特性的影响，前面代码设置了所有<div>都有一个 10px 的外边距和 5px 的内边距，这里增加的<div>的作用主要是扩展外层 father 的高度，所以还需要把内边距和外边距设置为 0px，代码如下。

```
.clear {
    clear:both;
    margin:0px;
    padding:0px;
}
```

在浏览器中查看页面效果，如图 5.16 所示。从上面的代码中可以看到，虽然使用 clear 属性达到了想要的效果，但是 HTML 却不完美，出现了一些不"优雅"的副作用——增加了 HTML 的代码量。那么如何在不增加 HTML 代码的情况下，仅通过 CSS 设置就实现同样的效果呢？overflow 属性将完美地解决这一问题。

4　溢出处理

在网页制作过程中，有时需要将内容放在一个宽度和高度固定的盒子中，超出的部分隐藏起来，或者以带滚动条的窗口显示等，有时还需要外层的盒子从外观上包含它里面代码浮动的盒子，这些都需要 CSS 中的 overflow 属性来实现。

4.1　overflow 属性

在 CSS 中，处理盒子中的内容溢出，可以使用 overflow 属性。它规定当内容溢出盒子时发生的事情，如内容不会被修剪而呈现在盒子之外，或者内容会被修剪，修剪内容隐藏等。overflow 属性的常见值如表 5-3 所示。

表 5-3　overflow 属性的常见值

属性值	说明
visible	默认值，内容不会被修剪，会呈现在盒子之外
hidden	内容会被修剪，并且其余内容是不可见的
scroll	内容会被修剪，但是浏览器会显示滚动条以便查看其余内容
auto	如果内容被修剪，则浏览器会显示滚动条以便查看其余内容

下面通过一个例子，分别设置 overflow 的几个常用属性值来深入理解 overflow 属性在网页中的应用。页面的 HTML 代码如示例 4 所示。

⇒示例 4

```
……
<body>
<div id="content"><img src="image/wine.jpg" alt="酒" />
<p>在 CSS 中使用 overflow 属性……</p>
</div>
</body>
</html>
```

页面中有一个 id 为 content 的<div>，里面是一个图片和一段文本，为了能更清楚地看出设置 overflow 属性之后对盒内元素的影响，使用 CSS 为盒子设置宽度、高度和边框，其代码如下。

```
body {
    font-size:12px;
    line-height:22px;
}
#content {
    width:200px;
    height:150px;
    border:1px #000 solid;
}
```

由于 visible 是 overflow 的默认值，因此设置 overflow 的值为 visible 和不设置 overflow 属性是一样的。在浏览器中查看页面效果，如图 5.18 所示。

下面在#content 中增加 overflow 属性，将其值设置为 hidden，具体代码如下。

```
#content {
    width:200px;
    height:150px;
    border:1px #000 solid;
    overflow:hidden;
}
```

在浏览器中查看页面效果，如图 5.19 所示。

图 5.18 没有设置 overflow 属性

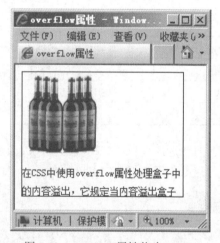

图 5.19 overflow 属性值为 hidden

由图 5.19 可知，超出盒子高度的文本被隐藏起来了，只有盒子内的图片和文本被显示。现在修改上述代码，如果将 overflow 属性的值分别设置为 scroll、auto，然后在浏览器中查看页面效果，分别如图 5.20 和图 5.21 所示。

图 5.20 overflow 属性值为 scroll　　　　图 5.21 overflow 属性值为 auto

从图 5.20 和图 5.21 可以看出，两者在处理盒内元素溢出时，都出现了滚动条，以便查看盒子尺寸之外的内容。唯一不同的是当 overflow 属性值设置为 scroll 时，没有在 X 方向上产生内容溢出，在底部显示了不可用的滚动条；而设置为 auto 时，仅在内容有溢出的高度部分产生了滚动条，底部的滚动条只在 X 方向出现内容溢出时，才会显示。

4.2　overflow 属性的妙用

在 CSS 中，overflow 属性除了可以对盒子内容溢出进行处理之外，还可以与盒子宽度配合使用，清除浮动来扩展盒子的高度。由于这种方法不会产生冗余标签，仅需要设置外层盒子的宽度和 overflow 属性值为 hidden 即可，因此这种方法常用来设置外层盒子包含内层浮动元素的效果。

下面仍然以示例 3 为基础，使用 overflow 属性完成清除浮动和扩展盒子高度。其设置方法非常简单，只需要为浮动元素的外层元素 father 设置宽度和将 overflow 属性设置为 hidden，同时使用清除浮动的代码 "<div class="clear"></div>" 即可，也不需要添加到 HTML 代码中了。详细的 HTML 代码如示例 1 所示的原始 HTML 代码。

下面修改示例 4 中的 CSS 代码，首先删除类样式 clear，然后修改 father 代码，增加盒子宽度和 overflow 属性，代码如示例 5 所示。

⊃示例 5

```
#father {
    border:1px #000 solid;
    width:500px;
    overflow:hidden;
}
```

在浏览器中查看页面效果，如图 5.22 所示。由上述代码可以看出，实现同样的效果，使用 overflow 属性的配合宽度清除浮动和扩充盒子高度，比使用 clear 属性的代码量大大减少，也减少了空的 HTML 标签。这样做的好处是使代码更加简洁、清晰，从而提高了代码的可读性和网页性能。

Chapter 5

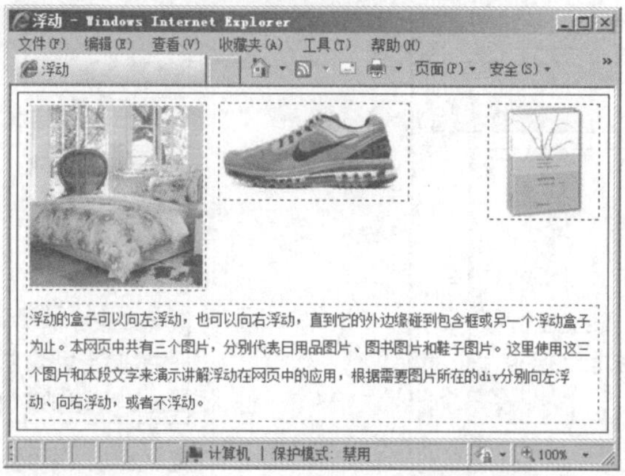

图 5.22 使用 overflow 扩展盒子高度

但是如果页面中有绝对定位元素，并且绝对定位的元素超出了父级的范围，那么使用 overflow 属性就不合适了，而需要使用 clear 属性来清除浮动。

因此通过 clear 属性和 overflow 属性实现清除浮动来扩充盒子高度，要根据它们各自的特点和网页的实际需求来设置扩充盒子高度。

操作案例 2：制作当当网最新上架图书列表

需求描述

制作当当网最新上架图书列表页面，要求如下。

● 最新上架图书列表边框样式为 1px、深灰色、实线边框。
● 标题背景颜色为浅灰色，标题字体大小为 14px、颜色为深红色。
● 页面中的英文字体为 Verdana，中文字体为宋体，字体大小为 12px。
● 使用定义列表 dl-dt-dd 排版图片列表内容，使用 float 属性定位页面图书各部分的内容
● 图片添加超链接，并且图片无边框。
● 图书名称添加超链接，超链接字体大小为 14px、字体颜色为蓝色、无下划线，当鼠标悬停在超链接上时显示下划线。

完成效果

运行效果如图 5.23 所示。

图 5.23 当当网最新上架图书列表效果图

技能要点

- 使用 float 布局页面。
- 使用 background 设置背景图像。
- 使用 padding 和 margin 设置网页元素的外边距和内边距。
- 使用 clear 属性清除浮动。

实现思路

- 每本图书内容信息放在一个定义列表 dl-dt-dd 中，使用 float 属性设置定义列表左浮动，这样一行显示两本图书信息；并且使用 overflow 属性处理溢出，这样<dl>根据图书内容信息自适应高度。
- 排版图书信息时，图书的图片放在<dt>中，图书的所有文本内容信息放在<dd>中，标题放在<p>标签中，出版时间放在<span>标签中，然后单独定义超链接样式和<span>标签中的深红色字体样式。

本章总结

- 学习使用 float 属性布局网页和定位网页元素。
- 使用 clear 属性清除浮动影响。
- 使用 clear 属性和 overflow 属性扩展盒子高度。
- 使用 overflow 属性处理内容溢出。

本章作业

1. 与 clear 属性相比，使用 overflow 属性结合盒子宽度来扩充盒子高度有哪些优点？
2. 制作如图 5.24 所示的摄影社区热门小镇页面（页面效果等见提供的素材），要求如下。

- 使用<div>和无序列表相结合的方法布局 HTML 文档。
- 使用 float 属性创建横向多列布局，定位网页元素。
- 页面标题和每张图片的标题均放在标题标签中，每张图片的成员和作品描述均放在无序列表中。

图 5.24　摄影社区热门小镇页面效果图

3. 制作如图 5.25 所示的名人名言页面（页面效果等见提供的素材），要求如下。

- 使用<div>分块布局 HTML 文档。
- 使用 float 属性创建横向多列布局。
- 使用无序列表制作导航菜单，并使用盒子属性美化菜单，当鼠标移至导航菜单上时显示下划线。
- 使用标题标签排版网页中的各级标题。
- 页面的完整效果及页面中字体样式、颜色等见提供的作业素材。

图 5.25　名人名言页面效果图

4. 制作如图 5.26 所示的相册服务页面（页面效果等见提供的素材），要求如下。

- 使用<div>标签分块布局 HTML 文档，并且页面内容居中显示。
- 使用无序列表和 float 属性相结合的方式创建横向多列相册服务模块。
- 使用标题标签排版"相册服务"。
- 使用 float 属性进行图文混排。
- 使用 background 设置页面背景样式和各模块之间的分隔线。
- 使用盒子模型属性设置相册服务边框实线。
- 页面具体样式、字体颜色等参见提供的作业素材。

图 5.26　相册服务页面效果图

5. 制作如图 5.27 所示的新品游戏页面（页面效果等见提供的素材），要求如下。

● 使用<div>标签制作新品游戏模块。

● 使用标题标签排版"新品游戏"。

● 使用无序列表制作新品游戏列表，每个列表前的序号使用背景图片的方式实现。

● 使用 float 属性设置列表右侧的星级居右显示。

● 使用背景图像实现第一个图片，当鼠标移至图片上时呈手状。

● 超链接字体颜色为深灰色、文字无下划线，当鼠标移至超链接上时出现下划线。

● 页面具体效果、字体颜色、样式等见提供的作业素材。

图 5.27　新品游戏页面效果图

6. 请登录课工场，按要求完成预习作业。

第 6 章

定位

本章技能目标

- 会使用 position 定位网页元素
- 会使用 z-index 属性调整定位元素的堆叠次序

本章简介

在前面的章节中介绍了浮动的概念，以及使用浮动布局网页、定位网页元素，本章将要讲解网页制作中的另一个重要属性 position，介绍使用 position 定位网页元素，以及设置元素堆叠顺序的 z-index 属性。

1 定位在网页中的应用

CSS 中有 3 种基本的定位机制，分别是标准流、浮动和绝对定位。通常在网页中除非专门指定某种元素的定位，否则所有元素都在标准流中定位，也就是说标准流中元素的位置由在 XHTML 中的位置决定。

在前面的章节中已经学习了标准流和浮动，使用浮动的方式可以定位网页元素。但是仅使用浮动一种方式，完成不了网页中很多更为复杂的网页效果。例如，图 6.1 所示的轮换图片上的数字按钮，图 6.2 所示的随滚动条滚动而上下移动的广告图片，以及图 6.3 所示的单击"工作地点"按钮弹出的工作地点选择框。

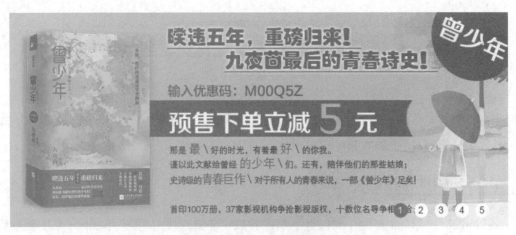

图 6.1 轮换图片上的数字按钮

图 6.2 随滚动条移动的广告图片

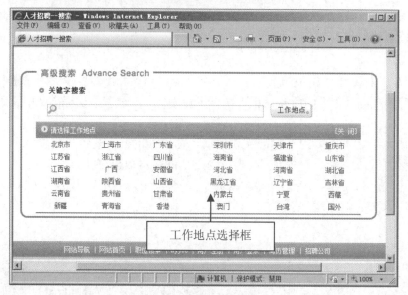

图 6.3 工作地点选择框

从图 6.1 至图 6.3 中可以看出，无论是弹出的轮播图数字按钮，还是下拉菜单、浮动图片，它们都有一个共同特点，即都脱离了原有的页面，浮动在了网页之上。对于这样的网页元素定位，需要使用 position 属性或 position 属性与 z-index 属性结合才能实现。

2　position 属性

position 属性与 float 属性一样，都是 CSS 排版中非常重要的概念。position 从字面意思上看就是指定盒子的位置，指它相对其父级的位置和相对它自身应该存在的位置。position 属性有 4 个属性值，这 4 个值分别代表着不同的定位类型。

- static：默认值，没有定位，元素按照标准流进行布局。
- relative：相对定位，使用相对定位的盒子位置常以标准流的排版方式为基础，然后使盒子相对于它原本的标准位置偏移指定的距离。相对定位的盒子仍在标准流中，它后面的盒子仍以标准流的方式对待它。
- absolute：绝对定位，盒子的位置以包含它的盒子为基准进行偏移。绝对定位的盒子从标准流中脱离，这意味着它们对其后的其他盒子的定位没有影响，其他的盒子就好像这个盒子不存在一样。
- fixed：固定定位，它和绝对定位类似，只是以浏览器窗口为基准进行定位，也就是当拖动浏览器窗口的滚动条时，依然保持对象位置不变。

fixed 属性值目前在一些浏览器中还不被支持，在实际的网页制作中也不常应用，因此这里就不详细介绍了。下面通过实例讲解 position 属性的其他 3 个值在网页中的应用。

2.1　static

static 为默认值，它表示盒子保持在原位没有任何移动的效果。因此，前面章节中讲解的例子实际上都是 static 方式。

　　为了讲解清楚后面其他比较复杂的定位方式，现在给出一个基础的页面，讲解其他定位方式时在此基础上进行修改。

　　页面中有一个 id 为 father 的<div>，里面嵌套 3 个<div>，HTML 代码如示例 1 所示。

⊃示例 1

```
……
<div id="father">
<div id="first">第一个盒子</div>
<div id="second">第二个盒子</div>
<div id="third">第三个盒子</div>
</div>
</body>
</html>
```

使用 CSS 设置 father 的边框样式和嵌套的几个<div>的背景颜色、边框样式，关键代码如下。

```
div {
        margin:10px;
        padding:5px;
        font-size:12px;
        line-height:25px;
}
#father {
        border:1px #666 solid;
        padding:0px;
}
#first {
        background-color:#FC9;
        border:1px #B55A00 dashed;
}
……
```

在浏览器中查看页面效果，如图 6.4 所示。由于没有设置定位，3 个盒子在父级盒子中以标准文档流的方式呈现。

图 6.4　没有设置定位

2.2 relative

使用 relative 属性值设置元素的相对定位，除了将 position 属性设置为 relative 之外，还需要指定一定的偏移量，水平方向使用 left 或 right 属性来指定，垂直方向使用 top 或 bottom 属性来指定。下面将第一个盒子的 position 属性值设置为 relative，并设置偏移量，代码如示例 2 所示。

➲示例 2

```
#first {
    background-color:#FC9;
    border:1px #B55A00 dashed;
    position:relative;
    top:-20px;
    left:20px;
}
```

在浏览器中查看页面效果，如图 6.5 所示。第一个盒子的新位置与原来的位置相比，向上和向右均移动了 20px。也就是说，"top:-20px"的作用是使它的新位置在原来位置的基础上向上移动 20px，"left:20px"的作用是使它的新位置在原来位置的基础上向右移动 20px。

图 6.5 第一个盒子向上、向右偏移

这里用到了 top 和 left 两个 CSS 属性，前面已经提到过在 CSS 中一共有 4 个属性配合 position 属性来进行定位，除了 top 和 left 外，还有 right 和 bottom。这 4 个属性只有当 position 属性设置为 absolute、relative 或 fixed 时才有效。并且 position 属性取值不同时，它们的含义也是不同的。top、right、bottom 和 left 这 4 个属性除了可以设置为像素值，还可以设置为百分数。

从图 6.5 中可以看到第一个盒子的宽度依然是未移动前的宽度，只是向上、向右移动了一定的距离。虽然它移出了父级盒子，但是父级盒子并没有因为它的移动而产生任何影响，父级盒子依然在原来的位置。同样地，第二个、第三个盒子也没有因为第一个盒子的移动而发生任何改变，它们的宽度、样式、位置都没有改变。

上面的例子表明一个盒子设置了相对定位后，对其他盒子没有影响。如果有两个盒子设置了相对定位，对其他盒子会有影响吗？它们相互之间会有影响吗？下面使用相对定位设置第三个盒子，代码如下。

```
#third {
    background-color:#C5DECC;
    border:1px #395E4F dashed;
    position:relative;
    right:20px;
    bottom:30px;
}
```

在浏览器中查看页面效果，如图 6.6 所示。第三个盒子的新位置与原来的位置相比，它向上和向左分别移动了 30px、20px。也就是说，"right:20px" 的作用是使它的新位置在原来位置的基础上向左移动 20px，"bottom:30px" 的作用是使它的新位置在原来位置的基础上向上移动 30px。

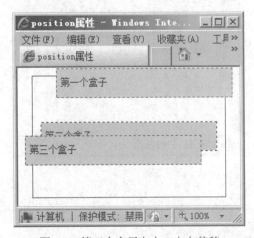

图 6.6　第三个盒子向上、向左偏移

从图 6.6 中可以看到第三个盒子设置相对定位后，它向左、向上移动了一定的距离，但是自身的宽度并没有改变，同时它的父级盒子、第一个和第二个盒子也没有因为它的移动而发生任何改变。至此可以总结出设置了相对定位元素的规律。

● 设置相对定位的盒子会相对它原来的位置，通过指定偏移到达新的位置。
● 设置相对定位的盒子仍在标准流中，它对父级盒子和相邻的盒子都没有任何影响。

需要指出的是，上面的例子都是针对标准流方式进行的。实际上，对浮动的盒子使用相对定位也是一样的。

为了验证上述说法，以示例 1 的网页代码为基础设置第二个盒子右浮动，关键代码如示例 3 所示。

⊃示例3

```
#first {
    background-color:#FC9;
    border:1px #B55A00 dashed;
```

```
}
#second {
    background-color:#CCF;
    border:1px #0000A8 dashed;
    float:right;
}
#third {
    background-color:#C5DECC;
    border:1px #395E4F dashed;
}
```

在浏览器中查看页面效果，如图 6.7 所示。

图 6.7　第二个盒子右浮动

现在设置第一个盒子向上、向左偏移，第二个盒子向上、向右偏移，代码如下。

```
#first {
    background-color:#FC9;
    border:1px #B55A00 dashed;
    position:relative;
    right:20px;
    bottom:20px;
}
#second {
    background-color:#CCF;
    border:1px #0000A8 dashed;
    float:right;
    position:relative;
    left:20px;
    top:-20px;
}
```

在浏览器中查看页面效果，如图 6.8 所示，第一个盒子向上、向左各偏移 20px，第二个盒子向上、向右各偏移 20px。

图 6.8　在浮动下偏移

从图 6.8 可以看到，第一个盒子没有设置浮动，它的偏移对父级盒子和相邻的两个盒子都没有影响，第二个盒子设置了浮动，但是它的偏移依然对父级盒子和相邻的盒子没有影响。由此可以得出一个结论，设置了 position 属性的网页元素，无论是在标准流中还是在浮动时，都不会对它的父级元素和相邻元素产生任何影响，它只针对自身原来的位置进行偏移。

2.3　absolute

了解了相对定位以后，下面开始分析 absolute 定位方式，它表示绝对定位。通过上面的学习，可以了解到设置 position 属性时，需要配合 top、right、bottom、left 属性来实现元素的偏移量，而其中核心的问题就是以什么作为偏移的基准。

对于相对定位，就是以盒子本身在标准流中或者浮动时原本的位置作为偏移基准的，那么绝对定位以什么作为定位基准呢？

下面还是以示例 1 的网页代码为基础，通过一个个例子来演示绝对定位在页面中的用法。设置<body>、内嵌的 3 个<div>外边距均为 0px，关键代码如示例 4 所示。

➲示例 4

```
body{margin:0px;}
div {
      padding:5px;
      font-size:12px;
      line-height:25px;
}
#father {
      border:1px #666 solid;
      margin:10px;
}
#first {
      background-color:#FC9;
      border:1px #B55A00 dashed;
}
#second {
      background-color:#CCF;
```

```
    border:1px #0000A8 dashed;
}
#third {
    background-color:#C5DECC;
    border:1px #395E4F dashed;

}
```

在浏览器中查看页面效果，如图 6.9 所示，内嵌的 3 个盒子以标准文档流的方式排列。

图 6.9　未设置绝对定位

现在使用绝对定位来改变盒子的位置，将第二个盒子设置为绝对定位，代码如下。

```
#second {
    background-color:#CCF;
    border:1px #0000A8 dashed;
    position:absolute;
    top:0px;
    right:0px;
}
```

这里将第二个盒子的定位方式从默认的 static 改为 absolute，在浏览器中查看页面效果，如图 6.10 所示。从图中可以看到，第二个盒子彻底脱离了标准文档流，它的宽度也变为仅能容纳里面的文本宽度，并且以浏览器窗口作为基准显示在浏览器的右上角，此时第三个盒子紧贴第一个盒子，就好像第二个盒子不存在一样。

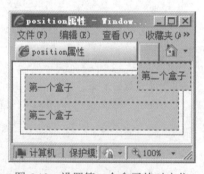

图 6.10　设置第二个盒子绝对定位

现在修改上述代码，改变第二个盒子的偏移位置，代码如下。

```
#second {
    background-color:#CCF;
```

```
    border:1px #0000A8 dashed;
    position:absolute;
    top:30px;
    right:30px;
}
```

在浏览器中查看页面效果，如图 6.11 所示。这时可以看到第二个盒子依然以浏览器窗口为基准，从左上角开始向下和向左各移动 30px。

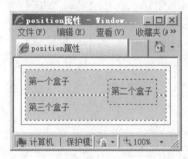

图 6.11　改变第二个盒子的偏移量

看到这里，大家出现疑问了，是不是所有的绝对定位都是以浏览器窗口为基准来定位呢？当然不是。接下来对父级盒子 father 的代码进行修改，增加一个定位样式，修改后的关键代码如下。

```
#father {
    border:1px #666 solid;
    margin:10px;
    position:relative;
}
#second {
    background-color:#CCF;
    border:1px #0000A8 dashed;
    position:absolute;
    top:30px;
    right:30px;
}
```

此时在浏览器中查看页面效果，如图 6.12 所示。第二个盒子偏移的距离没有发生变化，但是偏移的基准不再是浏览器窗口，而是它的父级盒子 father 了。

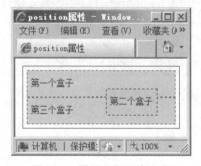

图 6.12　设置父级元素定位

综上所述，对于绝对定位可以得出以下结论。

- 使用了绝对定位的元素（第二个盒子）以它最近的一个"已经定位"的"祖先"元素（#father）为基准进行偏移。如果没有已经定位的祖先元素，那么则以浏览器窗口为基准进行定位。
- 绝对定位的元素（第二个盒子）从标准文档流中脱离，这意味着它们对其他元素（第一个、第三个盒子）的定位不会造成影响。

关于上述第一条结论中，有两个带引号的定语需要进行一些解释。

- "已经定位"元素：position 属性被设置，并且设置为除 static 之外的任意一种方式，那么该元素被定义为"已经定位"的元素。
- "祖先"元素：就是从文档流的任意节点开始，走到根节点，经过的所有节点都是它的祖先，其中直接上级节点是它的父节点，以此类推。

回到这个实际的例子中，在父级<div>没有设置 position 属性时，第二个盒子的所有"祖先"都不符合"已经定位"的要求，因此它会以浏览器窗口为基准来进行定位。而当父级<div>将 position 属性设置为 relative 以后，它就符合"已经定位"的要求了，并且又满足"最近"的要求，因此就会以它为基准进行定位了。

至此，绝对定位已经介绍清楚，相信大家已经掌握了如何在网页中应用绝对定位。但对于绝对定位，还有一个特殊的性质需要介绍，那就是仅设置元素的绝对定位而不设置偏移量，会出现什么情况呢？修改上述代码，仅设置第二个盒子在水平方向上的偏移量，代码如下。

```
#second {
    background-color:#CCF;
    border:1px #0000A8 dashed;
    position:absolute;
    right:30px;
}
```

在浏览器中查看页面效果，如图 6.13 所示。由于没有在垂直方向上设置偏移量，因此在垂直方向上它还保持在原来的位置，仅在水平方向上向左偏移，距离父级右边框 30px。

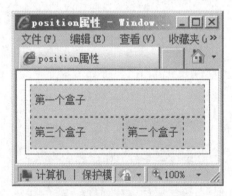

图 6.13　仅设置水平方向的偏移量

通过上述的演示例子可以得出一个结论，如果设置了绝对定位，而没有设置偏移量，那么它将保持在原来的位置。这个性质在网页制作中可以用于需要使某个元素脱离标准流，而仍然希望它保持在原来的位置的情况。

操作案例 1：制作经济半小时专题报道页面

需求描述

制作经济半小时专题报道页面，要求如下。

- 页面内容在浏览器中居中显示。
- 页面中主持人图片和右侧文本内容使用定义列表布局，同样，下面两个学员和右侧对应的文本也使用定义列表布局，文本中出现的学员名称使用红色加粗的字体显示。
- 两个学员的照片和文本所在的区域背景颜色为白色，边框颜色为灰色。
- 使用 position 属性设置第二个学员内容介绍部分的位置。
- 页面中按钮增加超链接，且按钮图片无边框。

完成效果

运行效果如图 6.14 所示。

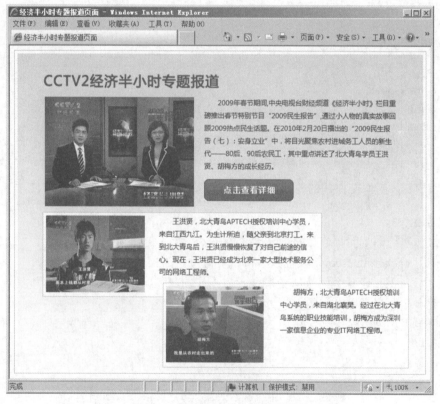

图 6.14　经济半小时专题报道页面

技能要点

- 使用 float 定位网页元素。
- 使用 background 设置页面背景。
- 使用 border 设置边框样式。
- 使用 position 定位网页元素。
- 使用定义列表布局页面内容。

实现思路

● 使用定义列表排版各部分的图文混排，图片放在<dt>标签中，文本放在<dd>标签中，代码如下。

```
<dl>
<dt><imgsrc="image/adver-03.jpg" alt="学员照片" /></dt>
<dd>
<p><span>王洪贤</span>，北大青鸟......</p>
</dd>
</dl>
```

● 使用浮动属性设置<dt>左浮动及宽度。

● 使用 position 属性设置第二个学员介绍的定位。例如，第二个学员介绍所在的<div>类样式为 stu02，它的上一级<div>的 id 为 cctv，设置 cctv 为相对定位，设置 stu02 为绝对定位，这样就实现了图中的效果，关键代码如下。

```
#cctv {
    ……
    position:relative;
}
#cctv .stu02 {
    position:absolute;
    right:30px;
    bottom:10px;
    width:440px;

}
```

操作案例 2：制作带按钮的轮播广告

需求描述

制作带按钮的图片轮播广告页面，要求如下。

● 使用 background-color 设置数字按钮背景颜色为白色。

● 使用 border 设置数字按钮边框样式为 1px 的灰色实线。

● 数字按钮显示在图片的右下方。

● 使用无序列表排版数字按钮。

完成效果

运行效果如图 6.15 所示。

图 6.15　带按钮的图片横幅广告效果图

技能要点

- 使用 background-color 设置背景颜色。
- 使用 border 设置边框样式。
- 使用 position 定位网页元素。
- 使用无序列表布局页面内容。

实现思路

- 使用<div>整体布局页面，使用无序列表排版数字按钮，关键代码如下。

```
<div id="adverImg"><img src="image/adver-01.jpg" alt="夏日商品促销" />
<div id="number">
<ul>
<li>1</li>
    ......
</ul>
</div>
</div>
```

- 使用 position 设置数字按钮显示在图片的右下方，关键代码如下。

```
#adverImg {
    width:430px;
    height:130px;
    position:relative;
    }
#number {
    position:absolute;
    right:5px;
    bottom:2px;
}
```

- 使用后代选择器整体设置<li>的背景颜色、边框样式、数字边框之间的距离，关键代码如下。

```
#number li {
    float:left;
    margin-right:5px;
    width:20px;
    height:20px;
    border:1px #666 solid;
    text-align:center;
    line-height:20px;
    font-size:12px;
    list-style-type:none;
    background-color:#FFF;
}
```

6
Chapter

3 z-index 属性的应用

在 CSS 中，z-index 属性用于调整元素定位时重叠层的上下位置。例如，示例 3 中第二个盒子压住了第三个盒子，此时就可以通过 z-index 属性改变层的上下位置。

z-index 属性在立体空间中表示垂直于页面方向的 Z 轴。z-index 属性的值为整数，可以是正数，也可以是负数。当元素被设置了 position 属性时，z-index 属性可以设置各元素之间的重叠高低关系。z-index 属性默认值为 0，z-index 值大的层位于其值小的层上方，如图 6.16 所示。当两个层的 z-index 值一样时，将保持原有的高低覆盖关系。

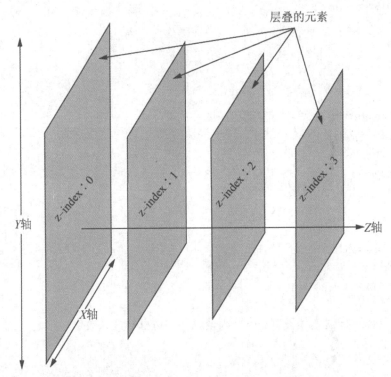

图 6.16 z-index 层叠示意图

z-index 属性在网页中也是比较常用的，如图 6.17 所示的旅游活动页面中图片上面的半透明层和文本层就使用了 z-index 属性。

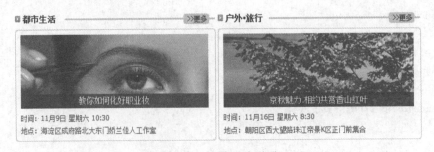

图 6.17 旅游活动页面

下面通过制作图 6.17 页面中右侧下部分内容来演示 z-index 的应用。首先把所有内容放在一个 id 为 content 的<div>中，页面中图片、文本、透明层使用无序列表排版，HTML 代码如示例 5 所示。

⊃示例 5

```
……
<div id="content">
<ul>
<li><img src="image/maple.jpg"   alt="香山红叶" /></li>
<li class="tipText">京秋魅力&#8226;相约共赏香山红叶</li>
<li class="tipBg"></li>
<li>时间：11 月 16 日星期六 8:30</li>
<li>地点：朝阳区西大望路珠江帝景 K 区正门前集合</li>
</ul>
</div>
</body>
</html>
```

代码中<li class="tipBg"></li>用来创建半透明层，在CSS中有两种方式设置元素的透明度，具体方法如表 6-1 所示。

表 6-1　设置层的透明度

属性	说明	举例
opacity:x	x 值为 0～1，值越小越透明	opacity:0.4;
filter:alpha(opacity=x)	x 值为 0～100，值越小越透明	filter:alpha(opacity=40);

由于这两种方法在使用中存在浏览器兼容的问题，IE 9、Firefox、Chrome、Opera 和 Safari 使用属性 opacity 来设定透明度，IE 8.0 及更早的版本使用滤镜 filter:alpha(opacity=x)来设定透明度。但是在实际的网页制作中，并不能确定用户的浏览器，因此在使用 CSS 设定元素的透明度时，可以在样式表中同时设置这两种方法，以适应所有的浏览器。

学习了创建网页元素透明度的设置方法，现在开始编写 CSS 排版、美化页面，需要设置如下几个方面的样式。

- 设置外层 content 的边框样式、宽度、定位方式。
- 由于文本层和半透明层在图片的上方，所以需要设置它们的定位方式，以及透明层的透明度。
- 设置无序列表的一些样式、文本样式等，设置完成后的 CSS 代码如下。

```
ul, li {    /*清除无序列表的内、外边距和列表符号*/
    padding:0px;
    margin:0px;
    list-style-type:none;
}
#content {    /*设置外层<div>的宽度、边框样式*/
    width:331px;
```

```
        overflow:hidden;
        padding:5px;
        font-size:12px;
        line-height:25px;
        border:1px #999 solid;
}
#content ul {        /*设置父级的相对定位*/
        position:relative;
}
.tipBg, .tipText {        /*设置文本层和透明层的绝对定位、宽度、高度和向下偏移量*/
        position:absolute;
        width:331px;
        height:25px;
        top:100px;
}
.tipText {        /*设置文本样式*/
        color:#FFF;
        text-align:center;
}
.tipBg {        /*设置透明层*/
        background:#000;
        opacity:0.5;
}
```

在浏览器中查看页面效果，如图 6.18 所示，图片上方的文本显示得非常不清楚，为什么会这样呢？

图 6.18   没有设置 z-index 属性

现在再回头查看 HTML 代码，透明层<div>在文本层<div>的后面编写，文本层和透明层都设置了绝对定位，而且都没有设置z-index属性，它们默认的值都为0。由于当两个层的z-index值一样时，将保持原有的高低覆盖关系，因此透明层覆盖到了文本层的上方。

现在不改变HTML 代码，仅通过 CSS 设置文本层到透明层的上方，这就需要设置 z-index

属性了，现在修改文本层样式，增加 z-index 属性，代码如下。

```
.tipText {
    color:#FFF;
    text-align:center;
    z-index:1;
}
```

在浏览器中查看页面效果，如图 6.19 所示，文本清晰地显示在透明层的上方了。

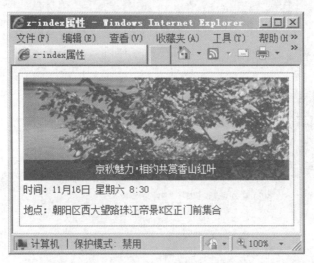

图 6.19　设置文本层 z-index 属性

由此可知，网页中的元素都含有两个堆叠层级，一个是未设置绝对定位时所处的环境，这时所有层的 z-index 属性值总是 0，如同页面中的图片层、下方的文本层；另一个是设置绝对定位时所处的堆叠环境，这个环境所处的位置由 z-index 属性来指定，如同页面中的透明层和其上方的文本层，z-index 值大的层覆盖值小的层。如果需要设置了绝对定位的层在没有设置绝对定位的层的下方，只需要设置绝对定位的层的 z-index 属性值为负值即可。

操作案例3：制作当当网图书榜页面

需求描述

制作当当网图书榜页面（页面中边框颜色、背景颜色、字体颜色等页面样式参见提供的上机练习素材中的页面效果图），要求如下。

- 页面右上角"3 折疯抢"图片使用定位方式实现。
- 页面导航菜单字体颜色为白色，鼠标移至菜单上时出现下划线。
- 页面中的英文字体为 Verdana，中文字体为宋体，字体大小为 12px。
- "图书畅销榜"图片使用 position 定位方式实现，并且图书列表中的"1""2""3"数字图片均使用 position 定位方式实现。
- 图书列表中的图片与文本混排使用定义列表方式排版。

完成效果

运行效果如图 6.20 所示。

图 6.20　当当图书榜页面效果图

技能要点

- 使用 position 设置元素定位。

本章总结

- 使用 position 属性定位页面元素。
- position 属性值有 static、relative、absolute 和 fixed，其中 relative 和 absolute 两种定位方式是网页制作中经常使用的。
- 使用 z-index 属性设置定位元素的堆叠顺序。

本章作业

1. position 属性有哪些属性值？它们在定位元素时，分别有哪些特点？
2. 制作如图 6.21 所示的淘宝网导航页面（页面效果等见提供的素材），要求如下。
- 使用<div>标签制作导航模块。
- 使用 float 属性和无序列表制作横向导航。
- 使用 position 属性定位元素——"淘宝商城"。

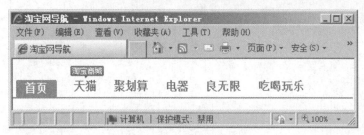

图 6.21　淘宝网导航页面

3．制作如图 6.22 所示的当当网百货畅销榜页面（页面效果等见提供的素材），要求如下。

- 使用<div>和 float 属性相结合的方式布局页面。
- 页面左侧的分类浏览和推荐榜单两部分的列表使用无序列表实现,每个列表项前的小圆点图标使用背景图像的方式实现。
- 页面右侧各部分列表中的商品图片左上角显示的数字图片使用定位方式实现,商品图片增加超链接。

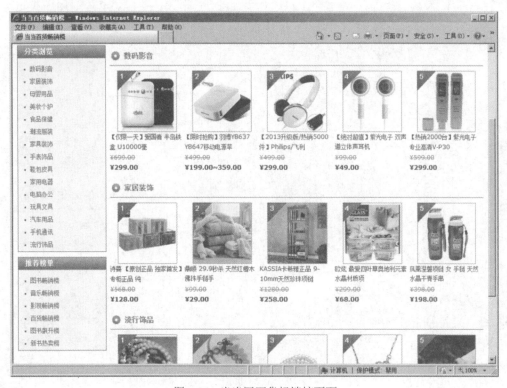

图 6.22　当当网百货畅销榜页面

4．制作如图 6.23 所示的简略版的网页顶部导航菜单（页面效果等见提供的素材），要求如下。

- 使用<div>分块顶部导航模块。
- 使用无序列表制作下拉菜单。
- 使用 position 属性定位下拉菜单。
- 使用背景属性美化网页元素。

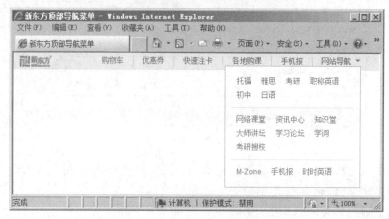

图 6.23　简略版网页顶部导航菜单

5．请登录课工场，按要求完成预习作业。

第7章

项目案例：制作1号店首页

本章技能目标

● 学会分析并布局页面
● 学会使用 DIV+CSS 制作电商网站

本章简介

到本章为止，相信大家已经可以游刃有余地使用 DIV+CSS 布局并制作较为复杂的网页了。

为了使大家能够更好地练习使用 CSS 布局、美化网页，熟练、快速地制作网页，本项目以商业购物网站1号店为案例，综合运用所学知识，巩固使用 HTML 编辑网页，使用 CSS 布局并制作美化1号店的首页，牢固掌握学习过的知识和技能要点。

1 项目说明

1.1 需求概述

随着电子商务的蓬勃发展，越来越多的人加入到了网购的行列，足不出户而购尽天下物，似乎已经成为很多人的生活组成部分，宅男宅女们在屏幕前、鼠标间就能实现海外环游购物的体验，各种网上商城更是应运而生、层出不穷。

1号店是知名的大型综合电子商务网站，数以百万的商品在线热销。本次的项目就在1号店网站的基础上，挑选首页页面供大家练习，如图7.1所示。

图 7.1　1 号店首页

1.2　技能要点

- 使用 DIV+CSS 布局并制作页面。
- 使用列表制作导航内容。
- 使用定位技术排版网页内容。

2　前置技能分析

2.1　网站开发流程

每个网站千差万别，具体的开发细节当然也各不相同，但是创建一个网站，基本的流程是不可缺少的，特别是对于比较复杂、大型的网站而言，遵循流程更有必要。

开发过程中主要涉及三类角色：程序人员，前端开发人员和客户（客户是提需求的角色）。记住，"客户是上帝"这句话绝对是真理。网站开发的大致流程如下。

- 步骤 1：项目需求讨论。

在接到项目后首先需要召开项目开发讨论会，类似一个需求会，讨论网站开发的目的、需要的栏目，开发的方向，文字内容和图片等等。其实项目需求讨论会贯穿整个开发过程。

- 步骤 2：项目初步框架设计。

程序人员和设计师具体讨论网站的整体制作框架，例如需要哪些技术，涉及前台实现（页面开发部分）、后台实现（数据交换部分）等等。

- 步骤 3：项目计划。

项目大概工作量和所需的时间，拟订项目计划书供客户了解，进行不断的项目需求讨论。

- 步骤 4：项目设计。

项目中的设计师角色人员开始最基本的设计工作，如主页和主要分页。客户对设计稿提出建议，设计师角色人员与客户进行反复沟通，最后确定项目设计稿。

- 步骤 5：网页的设计开发。

设计经客户同意，前端开发人员开始制作站点中每个页面的布局和设计。再一次让客户反馈，直到得到最后确认。与此同时，负责后台开发的工作人员也在夜以继日的工作着。

- 步骤 6：交付上线运行。

项目交付客户，修改上线运行。

本次项目主要涉及的就是步骤 5 的工作。

2.2　网站的文件结构

开发一个网站，网站中的文件结构是否合理是非常重要的，因此在网页制作前需要设置网站文件的结构。通常开发一个网页需要一个总的目录结构。例如，本网站起名 1 号店，CSS样式表文件通常放在 CSS 文件夹中，网页中用到的图片通常放在 image 或 images 文件夹中。

由于本次项目只要求制作网站的首页，所以涉及到的图片并不多，如果是大型的完整网站的开发，那么应用的图片会很多，通常在图片文件夹下再创建子目录存放针对某个页面的图片以示区分。1 号店网站的目录结构如图 7.2 所示。

图 7.2　1 号店网站文件目录结构

2.3　网页布局分析

之前的章节中已经介绍过常见的网页布局，包括：

- 上下结构。
- 上中下结构。
- 上左右下结构，即 1-2-1 结构。
- 上左中右下结构，即 1-3-1 结构。

让我们再来看一下 1 号店首页的网页布局，从图 7.1 中可以看出，这个页面的布局主要采用了"上中下"的布局结构。

- 上：网站导航部分。
- 中：主体内容，包括焦点图、食品饮料、个护厨卫等商品类。
- 下：网站版权部分。

3　项目实现

3.1　网页整体布局

需求说明

页面的整体布局为上中下结构，每个部分布局又可以进行细化，总体来讲，页面由上至下的布局如图 7.3 所示。

图 7.3　网页详细布局图

- 顶部导航。
- LOGO 和搜索部分。
- 菜单导航。
- 焦点图和右侧内容。
- 食品饮料模块。
- 个护厨卫模块。
- 网站版权。

关键步骤

- 创建网站及网站目录。
- 创建静态页面 index.html。
- 整体 DIV 布局。
- 设置页面整体背景颜色、页面 body、列表去掉内外边距、字体样式等通用样式。
- LOGO 和搜索部分、菜单导航、食品饮料模块、个护厨卫模块这几个模块的宽度一致，居中对齐等。
- 设置通用的样式等。
- 统一设置 padding 和 margin 值为 0。

关键代码

● 页面整体布局的关键代码如下。

```
<div>顶部导航</div>
<div>logo 和搜索部分</div>
<div>导航菜单</div>
<div>中间焦点轮播图和右侧内容</div>
<div>食品饮料和个护厨卫模块</div>
<div>网站版权</div>
```

● CSS 设置的关键代码如下。

```
*{padding:0;margin:0;}
html{color:#404040;font-size:12px;font-family:"Arial","微软雅黑";}
html,body{min-width:1200px;}
a{text-decoration:none;color:#1A66B3;}
```

3.2 制作网站导航

需求说明

通过观察我们可以知道，1 号店的导航部分主要包括顶部导航和左侧导航，如图 7.4 所示。

图 7.4 顶部及左侧导航

技术分析

● 使用列表制作顶部导航。

● 使用背景样式实现导航背景与导航图标。

● 使用表单制作搜索部分内容。

● 使用列表制作左侧所有商品分类竖向导航。

关键代码

● 顶部导航的 HTML 关键代码如下。

```
<div class="top">
    <div class="wrap">
        <div class="top-l left">Hi，请<a href="">登录</a> / <a href="">注册</a></div>
        <ul class="top-m right">
            <li><a href="" class="menu-btn">我的 1 号店</a></li>
            <li class="line"></li>
            <li><a href="" class="menu-btn">收藏夹</a></li>
            <li class="line"></li>
            <li><a href="" class="menu-btn"><i class="top-tel left"></i>掌上 1 号店</a></li>
            <li class="line"></li>
            <li class="on">
                <a href="" class="menu-btn">客户服务</a>
                <ul class="topDown">
                    <li><a href="">包裹跟踪</a></li>
                    <li><a href="">常见问题</a></li>
                    <li><a href="">在线投诉</a></li>
                    <li><a href="">配送范围</a></li>
                </ul>
            </li>
            <li class="line"></li>
            <li><a href="" class="menu-btn">网站导航</a></li>
            <li class="line"></li>
            <li><a href="">关于我们</a></li>
            <li class="line"></li>
        </ul>
        <div class="clearfix"></div>
    </div>
</div>
```

● 顶部导航的 CSS 关键代码如下。

```
.top{height:32px;background:#F9F9F9;padding-top:2px;line-height:32px;border-bottom:1px solid #F2F2F2}
.top,.top a{color:#646464;}
.top-l a{color:#06C;}
.top a:hover{color:#FF2832;}
```

3.3　制作焦点轮播图效果

需求说明

轮播图效果如图 7.5 所示。

图 7.5　轮播图效果

技术分析

● 　使用定位和列表相结合的方式实现。

关键代码

● 　轮播图效果的 HTML 关键代码如下。

```html
<div class="sliding-box">
    <ul class="slide">
        <li><a href=""><img src="img/banner.jpg" height="384"/></a></li>
    </ul>
    <ul class="page">
        <li class="oncurrent"></li>
        <li></li>
        <li></li>
        <li></li>
        <li></li>
    </ul>
</div>
```

● 　轮播图效果的 CSS 关键代码如下。

```css
.sliding-box .slide li{text-align:center;background:#E82A1E;}
.sliding-box .slide li img{vertical-align:bottom;}
.sliding-box .page{position:absolute;width:100%;text-align:center;bottom:12px;}
.sliding-box .page li{display:inline-block;width:15px;height:15px;margin:0 5px;background:#CCC;cursor:pointer;}
.sliding-box .page li.oncurrent{background:#FF3C3C;}
```

3.4　制作焦点图右侧内容

需求说明

焦点图右侧的内容如图 7.6 所示。

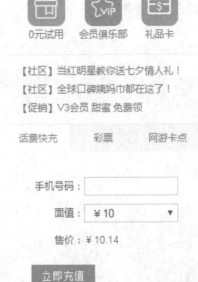

图 7.6   焦点图右侧效果

技术分析

- 局部布局中上中下布局。
- 最上面是 3 个图片，直接加超链接，使用 CSS 去掉由于超链接引起的图片边框。
- 使用列表实现【社区】三条内容。
- 使用表单实现话费快充，使用<label>标签。

3.5   制作食品饮料模块

需求说明

食品饮料模块效果如图 7.7 所示。

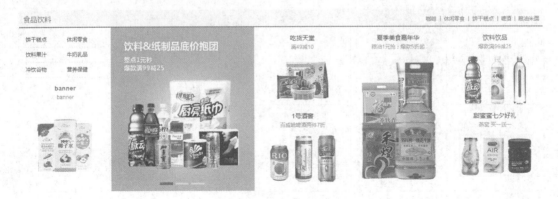

图 7.7   食品饮料区效果

技术分析

- 使用标题标签制作标题及图片说明。
- 使用定位制作按钮。
- 图片与文本的排版设计。

3.6 制作个护厨卫模块

需求说明

个护厨卫模块效果如图 7.8 所示。

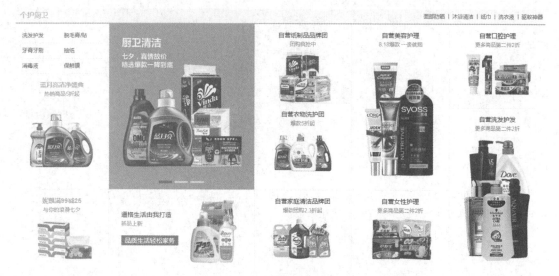

图 7.8　个护厨卫区效果

技术分析

- 使用标题标签制作标题及图片说明。
- 使用定位制作按钮。
- 图片与文本的排版设计。

3.7 制作网站版权

需求说明

网站底部的版权内容如图 7.9 所示。

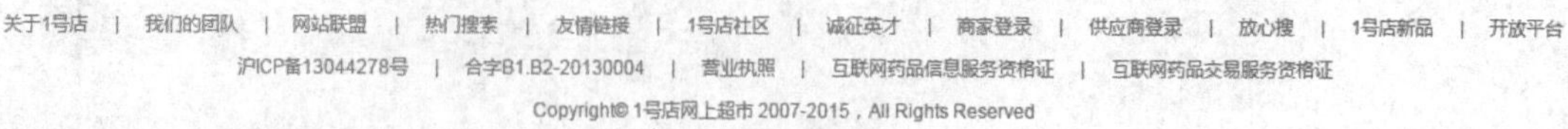

图 7.9　版权部分

技术分析

- 版权内容居中对齐，背景为白色。
- 字体颜色为灰色，鼠标移至超链接，文本字体颜色为红色且有下划线。

关键代码

- 版权部分的 HTML 关键代码如下。

```html
<div class="footer-box">
    <div class="footer wrap">
        <div class="foot-link">
            <a href="">关于 1 号店</a>
            <span>|</span>
            ……
        </div>
        <div class="foot-link">
            <a href="">沪 ICP 备 13044278 号</a>
            <span>|</span>
            ……
        </div>
        <p class="copy">
            Copyright© 1 号店网上超市 2007-2015，All Rights Reserved
        </p>
    </div>
</div>
```

- 版权部分的 CSS 关键代码如下。

```css
.footer-box{padding-top:20px;}
.footer{text-align:center;line-height:26px;}
.footer,.footer a{color:#8C8C8C;font-size:12px;}
.footer a:hover{color:#FF2832;text-decoration:underline;}
.footer .foot-link span{margin:0 14px;}
```